遇见海洋

海洋名字
背后的故事

武鹏程　编著

海洋出版社

北京·2025

图书在版编目（CIP）数据

　遇见海洋．海洋名字背后的故事 / 武鹏程编著．-- 北京：
海洋出版社，2023.9
　ISBN 978-7-5210-1195-1

　Ⅰ．①遇… Ⅱ．①武… Ⅲ．①海洋－普及读物
Ⅳ．① P7-49

　中国版本图书馆 CIP 数据核字（2023）第 224855 号

遇 见 海 洋

海洋
名字背后的故事

HAIYANG
MINGZI BEIHOU DE GUSHI

总 策 划：刘　斌	发 行 部：(010) 62100090
责任编辑：刘　斌	总 编 室：(010) 62100034
责任印制：安　淼	网　　址：www.oceanpress.com.cn
排　　版：海洋计算机图书输出中心 晓阳	承　印：侨友印刷（河北）有限公司
出版发行：海洋出版社	版　次：2023 年 9 月第 1 版
地　　址：北京市海淀区大慧寺路 8 号	2025 年 1 月第 2 次印刷
100081	开　本：787mm×1092mm 1/16
经　销：新华书店	印　张：8
技术支持：(010) 62100055	字　数：150 千字
	定　价：48.00 元

前　言

　　名字是被他人认识、甄别的一个符号，能在海洋史上留下一笔的，其背后不仅关联着许多人或事，也是一个时代的烙印。

　　本书详细地介绍了世界各地与海洋相关的名字背后的故事，有以探险者的名字、故事等命名的地名和动物名称，如麦哲伦海峡、德雷克海峡、复活节岛、麦哲伦企鹅等；还有海洋历史中因战争、科技更迭而出现的各种船只、武器和技术，如乌鸦式战舰、螺旋桨、郑和宝船、"海上君王"号、白头鱼雷、指南针等。此外，本书中还收录了一些常见的物品，它们在航海家们探索海洋的过程中，被带到了世界各地，如雪茄、马铃薯、蔗糖、茶叶、荷兰豆等，它们的名字几乎烙印在每个人的心中。

　　每一个与海洋相关的名字，它的背后或许是一段波澜壮阔的航海探险历程，让人们铭记那个风云变幻的时代；或许与时代洪流密切相关，伴随着航海人的足迹传遍世界各地；或许是因航海技术的更迭，作为一个标志而存在，在某个时期闯下了赫赫威名；还有一些名字则是因为它们本身的特征而广为人知。

　　每一个与海洋相关的名字，都是一段值得人去品味的历史，都有一个或有趣、或厚重、或耐人寻味的故事。

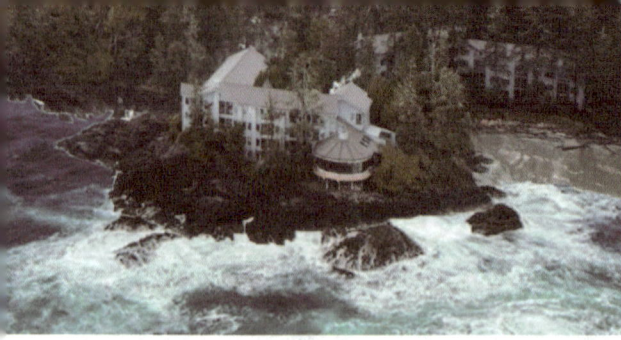

目　录

科技名字背后的秘密

其他

麦哲伦海峡

最曲折的海峡，害了多少航海家

麦哲伦海峡分隔大西洋和太平洋，海峡中风大多雾，水道曲折迂回且寒冷，潮高流急，多漩涡逆流，海上时有浮冰，不利于航行，这是一片人迹罕至的海域。1520 年麦哲伦率领的环球航海船队发现并通过了这个海峡，打通了大西洋与太平洋的海上贸易通道，从此之后，这个凶险的海峡被称作麦哲伦海峡。

15 世纪是欧洲地理大发现的黄金时期，以葡萄牙和西班牙为代表的欧洲国家，纷纷派出国内顶级的航海家，只为在海外开辟新的殖民地，以获得源源不断的财富。同时，地球上还有很多未知的地方也吸引着这些探险者，他们乘风破浪，不仅为财富，还为了探索未知世界。

地圆说的信奉者

1480 年，麦哲伦出生于葡萄牙波尔图一个没落的骑士家庭。16 岁时，他被编入国家航海事务所，先后跟随远征队到达过东部非洲、印度、马六甲等地探险和进行殖民活动。

当时的欧洲冬天很寒冷，缺乏足够的饲料，必须大量宰杀牲畜并用香料腌制。欧洲不出产香料，因此香料价格极高。一小把丁香的价格，就价值一枚西班牙金币。谁能搞到一袋香料，谁就会成为大富翁。

在香料的产地东南亚，丁香、肉桂、豆蔻都不值钱，一枚金币就可以买好几袋。

麦哲伦海峡东连大西洋，西通太平洋，东西长 592 千米，南北宽 3.3~32 千米。

❖ 麦哲伦海峡美景

❖ 麦哲伦雕像

斐迪南·麦哲伦（1480—1521 年），葡萄牙探险家、航海家、殖民者，为西班牙政府效力探险。1519 年率领船队进行环球航行，麦哲伦在环球航行途中在菲律宾死于部落冲突，他被一位名为拉普拉普的部落首长杀死。船队在他死后继续向西航行，于 1522 年 9 月回到欧洲，完成了人类首次环球航行。

麦哲伦船队中很少有人有丰富的航海经验，因为他们中的许多人都是从监狱借来的罪犯。还有人加入是因为他们为了避开债权人（许多经验丰富的西班牙水手拒绝加入麦哲伦船队，可能因为他是葡萄牙人）。

关岛于 1521 年被麦哲伦发现，之后便由西班牙统治了长达 333 年，随后在美西战争时割让给了美国，从此便成为美国的属地。

❖ 关岛在西班牙统治时期的建筑

这段经历使麦哲伦积累了丰富的航海经验，他在参与殖民战争时了解到，香料群岛东面还有一片大海。他猜测大海以东就是美洲，并坚信地球是圆的。而这个时期，哥伦布已经发现了美洲新大陆，达·伽马也从印度返航并带回了巨大的财富。于是，麦哲伦便有了进行一次环球航行的打算。

西班牙国王宣布支持麦哲伦

当麦哲伦满怀激情地向葡萄牙国王曼努埃尔一世申请组织船队进行环球航行时，遭到了曼努埃尔一世的拒绝与嘲笑。因为 1454 年，葡萄牙与西班牙在大西洋问题上达成了协议，葡萄牙向东，而西班牙向西。葡萄牙几乎控制了整个大西洋向东的海上贸易通道，尤其是香料贸易航线，所以曼努埃尔一世对麦哲伦提出的环球航行计划毫无兴趣。

今天的菲律宾马克坦岛上矗立着一座纪念碑。纪念碑的一面是纪念挫败了西班牙人入侵的头人拉普拉普；另一面则是纪念被他们杀死的麦哲伦。

❖ 拉普拉普纪念碑

由于环球航行计划未能得到认可，失望的麦哲伦在1517年离开祖国，来到了西班牙，并与塞尔维亚要塞司令的女儿结了婚。1518年3月22日，西班牙国王卡洛斯一世接见了他，麦哲伦向他提出，通过向西航行打破葡萄牙对香料贸易航线控制的计划。在利益的驱使下，1519年，卡洛斯一世宣布支持麦哲伦的环球航行计划，并许诺如果航行成功，麦哲伦可分享所得全部收入的5%，还可出任管辖新发现领地的行政长官。

❖ 麦哲伦企鹅

麦哲伦于1519年第一次在南美洲的航行中发现了该物种，后人将其命名为麦哲伦企鹅。麦哲伦企鹅算是较古老的鸟类，大约在5000万年前就已经在地球上生活了。除了少数例外，大多生活在南极或接近南极的陆地和海洋中。

很快，在卡洛斯一世的支持下，麦哲伦组建了一支由5艘船组成的探险队，以"特里尼达"号为旗舰，另外还有"圣安东尼奥"号、"康塞普逊"号、"维多利亚"号和"圣地亚哥"号，随行船员达265人，每艘船都配备了火枪和大炮，每个人都带着尖刀和短剑，并满载各种商品。

❖ 麦哲伦环球探险船队

发现并通过了麦哲伦海峡

　　1519 年 8 月 10 日，麦哲伦率领船队从西班牙的塞维利亚港出发，在大西洋中航行了 70 多天，先后到达巴西的里约热内卢和阿根廷的圣胡利安港。由于天气寒冷，粮食短缺，他们被迫停留在圣胡利安港。期间，船员发生叛乱，有 3 艘船的船长联合起来反对麦哲伦，麦哲伦假装同意谈判，派人伺机刺杀了叛乱的船长。1520 年 5 月，"圣地亚哥"号沉没，不过船员都得到了救援。

　　1520 年 8 月底，麦哲伦的船队离开圣胡利安港，寻找前往"南海"的海峡。10 月 21 日，他们进入一个航道曲折、艰险的海峡，这个海峡长达 592 千米，被中部的弗罗厄德角分成东西两段。西段海峡曲折狭窄，入口处宽度 48 千米，最窄处仅 3.3 千米，水深较深；东段开阔水浅，主航道最浅处只有 20 米，处于西风带。整个海峡寒冷多雾，并多大风暴，堪称世界上风浪最猛烈的水域之一。麦哲伦的船队经过漫长、艰苦的航行，于 11 月 28 日驶出海峡，进入风平浪静的太平洋，为第一次环球航行开辟了胜利的航道。后人为了纪念麦哲伦对航海事业做出的贡献，把这个海峡称为麦哲伦海峡。

❖ **麦哲伦海峡**

火地岛

世界的"天涯海角"

1520 年 10 月，麦哲伦在通过麦哲伦海峡时，看到了附近岛上的原住民点起了火把，将岛屿照得通红，于是将此地命名为火地岛。

火地岛位于南美洲大陆最南端，隔着麦哲伦海峡与南美大陆相望，有世界的"天涯海角""世界尽头""南极门户"之称。

1832 年，达尔文来到火地岛，试图寻找生物进化论的论据。达尔文在这里进行了长达 4 年的科学考察，为了纪念他，火地岛南部的一座 2000 米高的山峰被命名为"达尔文山"。

火地岛很美

火地岛很大，东西最长 450 千米，南北最长 250 千米，呈三角形，北部宽、南部窄，地势西南高、东北低，是南美洲最大的岛屿。除了主岛之外，附近还有数座较小的"迷你岛"以及数以千计的岩礁。

火地岛拥有独特的极地风光，蕴藏着许多奇妙的色彩，这里有山、沙、湖、海、冰川、森林、飞禽和海兽，吸引着世界各地的游客来此度假。

智利在火地岛北部发现了石油，并进行了开采，通过输油管线输送到本土。

❖ 火地岛美景

乌斯怀亚的博物馆里有早期人类生活时所用的各种器具。

这座锈迹斑斑的三角铁塔就是智利和阿根廷的国界。
❖ 两国国界

一岛被两国分割

　　火地岛是麦哲伦海峡南边的最大岛屿，自古便是雅马纳人、阿拉卡卢夫人等南美印第安族群的居住地，由于地理上的隔绝，这些印第安人几千年来一直过着极其原始朴素的生活。1520 年 10 月，麦哲伦在通过麦哲伦海峡时发现了火地岛。之后，欧洲殖民者并没有对这里进行大规模移民和开发，直到 1880 年，由于火地岛的牧羊业兴起，而且在岛上发现了金矿，智利和阿根廷两国同时往火地岛移民。第二年，两国达成一致，岛屿东部归阿根廷，西部归智利。

❖ 火地岛上的麦哲伦雕像

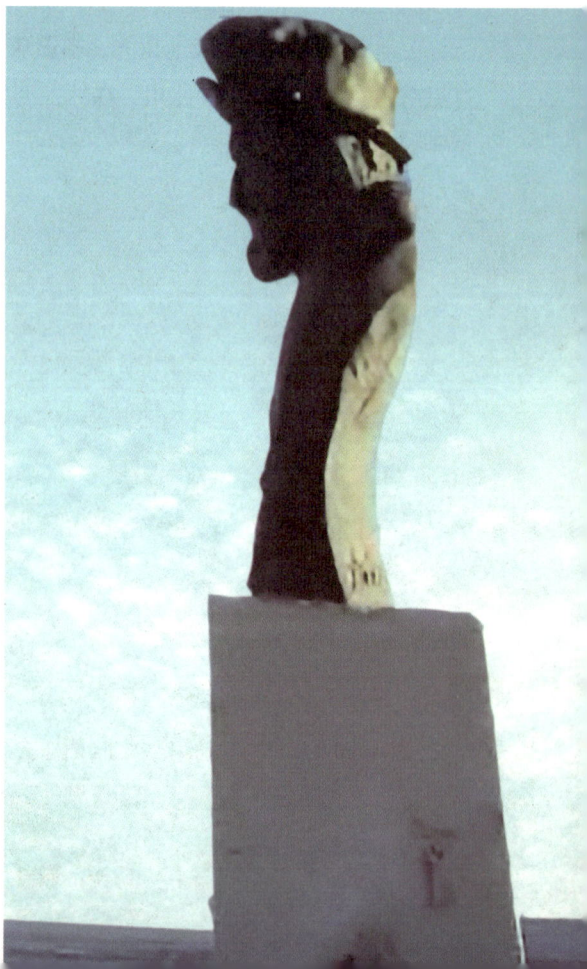

❖ 波韦尼尔武器广场中央的雕塑

武器广场中央的雕塑上面刻画着火地岛原始部落信奉的太阳与放牧的高原羊，背后刻画着火地岛原住民——一家牧民。

世界尽头

智利的属地面积约占岛屿面积的 2/3，首府是波韦尼尔，这个城市很小，顶多算是一个小镇。阿根廷的属地面积约占岛屿面积的 1/3，首府是乌斯怀亚，知名度相对更高，它是世界上最靠近南极的人类城市，距离南极洲只有 800 千米，被誉为"世界尽头"。

波韦尼尔和乌斯怀亚都建在山坡之上，市内有博物馆、机场、港口，街道上多为规模不大的百货商店、旅馆、饭店和酒吧等，这些店铺主要服务于每年来自世界各地的豪华游艇和帆船，让来到"世界尽头"的游客能享受到更好的服务。

火地岛人口非常少，在公路上至少要行走几千米才能遇到一两间这样的房子。

❖ 火地岛上的小房子

❖ 乌斯怀亚

世界最南端的城市

乌斯怀亚的总人口为3万人左右，城市并不大，却拥有很多世界之最，如世界最南端的城市；世界最南端的灯塔——乌斯怀亚灯塔；世界最南端的人类陆路交通站——乌斯怀亚3号公路的终点；世界最南端的邮局——"世界尽头邮局"；等等。

大多数前往南极大陆探秘的科学考察船都以乌斯怀亚作为补给基地和出发点，所以，乌斯怀亚不仅是世界最南端的人类居住地，同时也是人类通往南极的跳板。

❖ 火地岛博物馆内的雕塑

该雕塑是火地岛原住民曾经的装扮，他们把整个身体藏在奇怪的斗篷下，让人好奇而不解，如今这里的原住民已经消亡，或许已经没有人能揭开这个秘密了。

这个简陋的小棚子便是世界最南端的邮局，这里出售明信片、邮票，还可以盖纪念章。这里只有一个工作人员，估计也是世界上最不靠谱的工作人员，因为有很多不确定因素，导致他不会在邮局上班。

❖ 世界最南端的邮局

火地岛的企鹅种类很多，但是都傻傻的，一点儿都不畏惧人类，甚至会主动来到你的身边，等你用手抚摸它们的脑袋。

❖ 火地岛的企鹅

❖ 世界最南端的灯塔

该灯塔建于 1920 年，是这里的一个标志性建筑。

❖ 色彩斑斓的房子

纯天然的美

　　火地岛保持着自然的原始风貌，有一种纯天然的美：蔚蓝的海面映衬着远处泛着金光的雪山、冰川，融化的雪水由狭长的小溪流入山脚的湖泊之中，湖水清澈见底，水下是细细的岩石、沙子，一群群水鸟在湖面游弋，云卷云舒，宁静惬意。

乌斯怀亚依山傍水，北靠白雪盖顶的安第斯山脉，面对连接两大洋的比格尔海峡。缓坡而建、色调不同的各种建筑物坐落在波光粼粼的比格尔水道和青山白雪之间，郁郁葱葱的山坡和巍峨洁白的雪山交相辉映，让这里的景致美不胜收。

❖ 乌斯怀亚

德雷克海峡

16世纪初，西班牙控制了进入太平洋的必经之路——麦哲伦海峡，切断了英国的奴隶贸易路线，为了打破西班牙的封锁，英国皇家海盗德雷克在一次与西班牙海军作战中，因战败而逃入了一个海峡，发现了通往太平洋的新航道，这个海峡从此便以德雷克的名字命名。

德雷克海峡位于南美洲最南端和南极洲的南设得兰群岛之间，太平洋和大西洋在这里交汇，是沟通太平洋和大西洋的重要海上通道之一，以狂涛巨浪闻名于世。

死亡走廊

德雷克海峡长300千米，是世界上最宽的海峡，其最宽处竟达970千米，最窄处也有890千米。同时，它也是世界上最深的海峡，平均水深3400米，最大深度为5248米。

德雷克海峡终年狂风怒号，因此被人称为"暴风走廊"。这里仿佛聚集了太平洋和大西洋所有的飓风狂浪，几乎每一天的风力都在8级以上，历史上曾让无数船只在此倾覆海底，被人称为"杀人的西风带""魔鬼海峡"，是一个名副其实的"死亡走廊"。然而，它却曾经帮助英国打破西班牙的海上封锁。

弗朗西斯·德雷克（1540—1596年），英国著名的私掠船长、探险家和航海家，据知他是在麦哲伦之后完成环球航海的首位探险家。1587年，英西海战爆发，德雷克的海盗船队在这次英国击败西班牙无敌舰队的战争中起到了至关重要的作用。德雷克也被封为英格兰勋爵，登上海盗史上的最高峰。

❖ 德雷克

❖ 德雷克海峡两岸的山峰

以英国海盗德雷克的名字命名

早在1525年，西班牙籍航海家荷赛西就已发现这条航道，他曾亲自驾船经过这个海峡，并给它取名为"Mar de Hoces"，可惜这个名称没有被广为流传。

16世纪初，西班牙占领了南美大陆，为了垄断与亚洲、南美洲的贸易，封锁了麦哲伦海峡的航路（这是当时已知的进入太平洋的必经之路），使太平洋变为西班牙的私海。当时，英国女王伊丽莎白一世为了与西班牙竞争，发展海洋贸易，给英国海盗发放"私掠许可证"，组织所谓的皇家海盗打击西班牙的运宝船。弗朗西斯·德雷克就是这群英国皇家海盗中的佼佼者。

1540年，德雷克出生在英国德文郡的塔维斯托克镇，他的父亲是一位虔诚的新教徒，后来，为了逃避宗教迫害，全家搬到了肯特郡，他的父亲成了查塔姆造船厂的工作人员和水手们的临时牧师，所以德雷克从小就熟悉船只和航海，10岁的时候就成了一位见习水手。德雷克的海盗生涯和他的表兄霍金斯密切相关。霍金斯是英国最早的三角贸易开创者，他从非洲大陆猎取黑人奴隶，然后贩卖到西班牙控制的南美洲，他的奴隶贸易甚至得到了伊丽莎白一世的赞助。在霍金斯第三次航海的时候，德雷克投奔了他的表兄，两人带着贩奴船前往墨西哥，由于风暴造成船只受损，他们在获得西班

❖ 德雷克海峡海面上掠过的海鸟

德雷克海峡内的海水从太平洋流入大西洋，是世界上流量最大的南极环流的一个组成部分，流量达1500万立方米/秒。

❖ 德雷克海峡

❖ 德雷克海峡岸边的企鹅

以航海家或探险家的名字命名的海峡有很多，如托雷斯海峡，以 1605 年首个穿越这个海峡的葡萄牙海员路易斯·瓦埃斯·德·雷斯的名字命名；库克海峡，因 1770 年英国航海家库克船长到此考察而得名；巴斯海峡，因 1798 年英国航海家乔治·巴斯率领船队第一次穿过该海峡而得名。另外，还有富兰克林海峡、富沃海峡、史密斯海峡、罗伯特海峡、戴维斯海峡、麦克卢尔海峡、梅尔维尔子爵海峡等。

中国长城站是中国在南极建立的第一个科考站，就在德雷克海峡的南极洲一侧。

牙总督准许后进港修理船只，没想到西班牙总督出尔反尔，突然下令攻击他们，除了德雷克和霍金斯逃出虎口外，其他的英国船员都被处死，这就是圣胡安战役。

自此之后，德雷克对西班牙恨之入骨，为了报复西班牙人，德雷克时常率领舰队劫掠西班牙运宝船，1573 年 3 月，德雷克曾在一次劫掠西班牙运宝船的行动中，获得了 5 万比索（合 2 万英镑）的财富，成为英格兰轰动一时的红人，被誉为"民族英雄"。

1578 年 8 月，德雷克在劫掠了西班牙商船后，被西班牙海军追击，在逃跑的过程中，无意间发现了一条不需要经过麦哲伦海峡就可以进入太平洋的新航道，这里被后世命名为德雷克海峡。

在巴拿马运河开凿之前，德雷克海峡一直是沟通太平洋和大西洋的重要海上通道之一。巴拿马运河开通之后，德雷克海峡作为运输航道的地位日渐式微。然而，它既是从南美洲进入南极洲的最近海路，也是众多国家赴南极科考的必经之路，因此被赋予了新的战略意义。

危险之中的美景

德雷克海峡两岸有令人惊叹不已的巍峨、雄伟的雪山，海水中常有海豹和鲸出没，在浮冰或岸边的岩石上常有阿德利企鹅怡然踱步，一切都美妙绝伦，企鹅声、海鸟声、海豹声，各种叫声此起彼伏，各种南极动物密密麻麻地遍布各处，令人惊叹大自然的美丽！

北角

北角位于欧洲大陆的北端，是地球上最特殊的一个地区。1553 年，英国探险家理查德为了搜寻东北航线，带领船队绕过欧洲最北端时偶然发现了这片新大陆，他将这个雄伟壮丽的海角命名为"北角"。

❖ 通向北角的公路

北角是位于挪威北部马格尔岛北端的海角，也是欧洲大陆的最北端，号称"世界之巅"，它是一块直插北冰洋悬崖之上的高地，东南 80 千米处的诺尔辰角则是欧洲大陆的极北点。

北角具有地理上的意义

北角地处北纬 71°10′21″、东经 25°40′，距离北极 2102.3 千米，高达 307 米的陡峭前寒武纪砂岩悬崖直面大海，气势雄伟，常常被认为是欧洲大陆的最北方。

北角与斯匹次卑尔根群岛间的连线是挪威海和巴伦支海的分界，北大西洋暖流经北角流入巴伦支海后便改称北角洋

❖ 北角极光

北角的夏天是有名的午夜太阳区，太阳整晚都照射着大地。冬季，这里没有白天，但或绿或红的极光绝对能补偿你对光的渴望。

北角几乎看不到任何植被，低矮细密的苔藓覆盖在裸露的砂石之上，如果足够幸运，或许还能偶遇雪橇小能手驯鹿。

霍宁斯沃格小镇宁静至极，雕塑、花草、海湾、帆船、闲散的人们，安详而静谧。从这里驱车1个多小时就可抵达北角。

流。它扼摩尔曼斯克通往大西洋的航道，具有重要的战略地位。北角向西南至斯塔万格的连线是北欧地质构造上的一条重要分界线，北角西为加里东褶皱带，东是波罗的地盾，斯堪的纳维亚山脉以北角为终点。

被称为"世界的尽头"

北角是公路能到达的欧洲大陆最北端，由于它特殊的地理位置，故而又被称为"世界的尽头"。

1553年，北角被英国探险家理查德发现后，其面向大海的前寒武纪砂岩便成为冒险家攀登的征服之地。数百年来，这块古老的前寒武纪砂岩成为沿海商人、当地渔民以及传说中的海盗们的航海标志。如今岩石上方屹立着的石柱和镂空的地球仪雕塑是北角的地标。

北角的民居大多是一栋栋色彩鲜艳的小房子，点缀着美丽的村落，让人宛若来到世外桃源。

❖ 北角的民居

❖ 北角地标——地球仪雕塑

站在北角悬崖上眺望北冰洋，会使人倍感惊险刺激，更会为巴伦支海的美景惊叹不已。此外，北角悬崖还是欣赏北极光的地方，吸引了世界各地的游客慕名前来，不仅如此，还吸引了众多名流贵族，有名的访客有 1873 年到访的瑞典兼挪威国王奥斯卡二世及 1907 年到访的泰国国王拉玛五世，他们到这里来只为邂逅北极光的极致之美。

北角虽然被称为"世界的尽头"，但带给人们的并不是凄美与绝望，而是神秘的遐想和无限的憧憬。蓝天、海浪、远山，还有船尾迎风招展的鲜艳国旗，一路上时而鸟语湖波，时而云雾缭绕，时而山涧瀑布，时而白雪皑皑。

❖ 北角地标——石柱

观景台入口处有一个彩色石块堆成的四方台，上端立着指向北方的箭头，箭杆上则标明了北角的纬度——北纬 71°10′21″。据说这里距离"泰坦尼克"号沉没的地方仅有 30 海里。

❖ 向北的箭头

❖ 1873 年奥斯卡二世到访纪念碑

白令海峡

沟通北冰洋和太平洋的唯一航道

白令海峡位于亚洲最东点的迭日涅夫角和美洲最西点的威尔士王子角之间，连接楚科奇海和白令海，因 1728 年在俄国军队任职的丹麦探险家维塔斯·白令顺利通过这个海峡而得名。

白令海峡位于亚洲东北端楚科奇半岛和北美洲西北端阿拉斯加之间，峡谷长 400 千米，宽 32 千米，平均水深为 45 米，科学家认为它是世界上最长的海底峡谷。白令海峡水道中心线既是俄罗斯和美国的交界线，也是亚洲和北美洲的洲界线，还是国际日期变更线。它既是沟通北冰洋和太平洋的唯一航道，也是北美洲和亚洲大陆间的最短海上通道。

维塔斯·白令（1681—1741 年）是一名丹麦探险家，1728 年，白令受彼得一世的邀请参加当时新建立的俄国海军，成为一名舰长，他在对瑞典的战争中表现优秀，此后他又参加了对奥斯曼帝国的战争。1725 年他奉彼得一世的命令开始对西伯利亚的北岸进行考察。

❖ 维塔斯·白令

在白令海峡中，来自北冰洋的寒流沿海峡西岸流入白令海，来自太平洋的温暖海水沿海峡东岸流入北冰洋，整个海峡水流湍急，水面海礁林立，凶险异常。

❖ 白令海峡海礁上的小灯塔

在唐朝时是流鬼国地界

在冰河时期，白令海的水面降低，白令海峡历史上是亚洲和北美洲之间的"陆桥"，考古学家们认为，美洲印第安人的祖先是一些亚洲来的猎人，他们跟着兽群通过"陆桥"，随后在北美洲定居。

白令海西岸是堪察加半岛，从堪察加半岛往东到白令海峡之间，在唐朝时是流鬼国地界，有"大唐最北藩属国"的称号，岛上的部族曾经向唐朝进贡。据《新唐书·靺鞨传》记载，唐代时我国东北少数民族黑水靺鞨，开辟了堪察加航线以及堪察加半岛的鄂霍次克海航线。因此，早在唐朝时期，我国已经掌握了通往白令海与白令海峡的航线。

白令海峡名字的由来

彼得大帝是俄罗斯历史上最伟大的帝王，他在位期间极力发展海洋事业，建立了俄国海军，同时也鼓励航海家探索新的航线。在他去世前3周，他任命在俄国军队中服役的丹

流鬼国在古代活跃在东西伯利亚地区，是中国古代文献中经常提到的一个位于北海的小国。在古人的印象中，流鬼国充满神秘感，唐代史书《通典》里有记载，"北至夜叉国，余三面皆抵大海"。这里的夜叉就是指流鬼国。在《新唐书》中也有关于流鬼国的记载，里面也提到了流鬼人生活在一个半岛之上，且这个半岛在靺鞨以北，这证明流鬼人是活跃在堪察加半岛，以原始渔猎为生。

白令海峡沿岸地区生活着适应冰雪环境的海豹、海象、海狗、海獭、海狮以及北极燕鸥等。

❖ **迭日涅夫纪念塔（灯塔）**
在白令之前就有俄国人通过了白令海峡。早在1648年，迭日涅夫和一个小队从东西伯利亚海的科雷马河河口出发，向东航行，绕过东角（迭日涅夫角），经过白令海峡，驶进白令海，并向西到达楚科奇半岛南端的阿纳德尔河口，成为第一个发现亚洲和美洲之间的海峡（今白令海峡）以及东北亚的海上航线的航海家。

❖ 航海者纪念标志

在白令海峡两岸有众多这样的纪念标志，几乎每个纪念标志都是纪念海峡的征服者、早期探险者和俄罗斯土地的开拓者。

1728 年，白令第二次出航，率 30 名探测队员到达美洲，在阿拉斯加南部登陆，但返航时，他们所乘的"圣彼得"号不幸触礁沉没，白令和部分探测队员在荒岛（白令岛）上死于坏血病。

1991 年 8 月，一支俄罗斯—丹麦的考古队发现了白令和其他 5 位水手的墓。他们的遗体被运回莫斯科。

❖ 白令岛上的白令墓地和纪念碑

麦探险家维塔斯·白令为堪察加考察队队长，此后，白令两次远征探险，探索亚洲和美洲是否在此相连。1728 年，白令往北通过了一个巨大的海峡，进入南楚科奇海，第一次穿过北极圈，并最终发现了亚洲与美洲的界线，这个海峡就是白令海峡。

1741 年，白令从彼得罗巴甫洛夫斯克出发前往美洲，一场风暴将他指挥的两艘船分开了，白令看到了阿拉斯加的南岸。在回彼得罗巴甫洛夫斯克的路上，他还发现了属于阿留申群岛的一些岛屿，但这时他已重病在身，无法指挥他的船了。他们漂泊到科曼多尔群岛的一座无人居住的小岛上，白令和他船上的其他 28 名水手都病死在那里。后来，为纪念白令的功绩，人们分别用他的名字命名了白令海峡、白令海、白令岛和白令地峡等。

白令海峡大桥目前还处于提案阶段，88 千米长的白令海峡大桥需要 220 个桥墩，它们呈圆锥形，外形和作用均类似于破冰船的船道，而每个桥墩重达 5 万吨。一旦建成，它将成为一个宏伟的跨洲连接通道，将亚洲、非洲、欧洲、北美洲和南美洲统统连接起来，成为人类建筑史上的一大奇迹。

巴西

1500 年 4 月 22 日，葡萄牙航海家卡布拉尔到达南大西洋上一块未知名的陆地，随后这片土地被命名为"圣十字架"，并宣布归葡萄牙所有。随后的 300 年里，葡萄牙人逐渐在此定居，从事红木（Brasil）的采伐，"Brasil"（巴西）一词代替了"圣十字架"，成为当地的地名。

巴西位于南美洲东南部，东临南大西洋，海岸线长约 7400 千米；北面和南面与其他南美洲国家接壤（除智利和厄瓜多尔外，与其他全部南美洲国家接壤）。

❖ "布拉吉莱"（巴西红木）

为了巩固新航线派出船队

1499 年 9 月，达·伽马从印度回到里斯本，成功地开辟了通往印度的新航线，这个消息使整个葡萄牙都沸腾了。葡萄牙国王曼努埃尔一世为了巩固和深挖这条航线的价值，派出一支由 13 艘船组成、能承载 1200 多人的大船队去印度，新任的指挥官是佩德罗·阿尔瓦雷斯·卡布拉尔，发现好望角的迪亚士则担任其中一艘船的船长。这支贸易性的大船队不仅可以从印度运回大批胡椒等商品，必要时还可以同可能遇到的海上势力战斗。

发现巴西

1500 年 3 月 9 日，卡布拉尔的船队从里斯本出发，沿着达·伽马发现的航线前进，船队在离开佛得角群岛后遇到强烈风暴（其中有一艘船遭遇风暴后直接返航了），被赤道洋流推到了较远的海域，为了利用风向穿过南大西洋和绕过好望角，船队转向西行，不幸陷入了一个无风的海区。船队原

❖ 佩德罗·阿尔瓦雷斯·卡布拉尔 1500 年在巴西的波尔图塞古鲁港靠岸

佩德罗·阿尔瓦雷斯·卡布拉尔（1467—1520 年），葡萄牙航海家、探险家，被普遍认为是最早到达巴西的欧洲人。

本是为了避开风暴，却因往西南航行的弧圈划得太大，以至于无意间进入了一个未知的海域。

他们在这个未知的海域航行了近 1 个月的时间才看到了陆地（即今巴西东海岸的帕斯夸尔山），卡布拉尔及所有船员都兴奋不已，迫不及待地将船队驶入一个海湾（即今巴西波尔图塞古鲁港），卡布拉尔登陆后，在岸边竖起刻有葡萄牙王室徽章的十字架，将此地命名为维拉克鲁兹（Ilha de Vera Cruz，葡语意思是"圣十字架"），同时宣布该地区为葡萄牙国王所有，并派一艘船回国报讯。

满载而归

卡布拉尔命船队休整后顺着维拉克鲁兹的海岸线航行，期望能找到香料和黄金，但是他们在此一无所获。这里除了遍地的树木外，并没有他们期望中的财富。于是，卡布拉尔指挥船队离开了这里，又经过 5 个月的行驶，他们成

❖ 佩德罗·阿尔瓦雷斯·卡布拉尔雕像

❖ 波尔图塞古鲁港

功抵达达·伽马描述中的印度的卡利卡特（是当时著名的贸易中心，中国古籍中称为"古里"）。与对达·伽马一样，当地人对卡布拉尔并不友好。不过，卡布拉尔的船队全副武装，他们很快便以武力在印度沿海建立了永久性的贸易据点和武装据点。

　　这是一次成功的航行，卡布拉尔不仅发现了巴西，更重要的是，在印度沿海建立了据点，为下一步控制香料贸易做好了准备，而他们在途中发现的维拉克鲁兹却一直被忽视了。

1501 年夏，卡布拉尔的船队回到了葡萄牙，在这次航行中，尽管他们损失了 6 艘船和许多船员，但卖掉运回来的香料后，他们的赢利超过了总花费的两倍。

很多印第安人因葡萄牙在巴西的殖民活动而沦为奴隶，或者逃到深山老林里躲避。

葡萄牙人的第二故乡

　　巴西被发现后，起初并未被葡萄牙人重视，直到葡萄牙国王曼努埃尔一世死后，若昂三世继位，葡萄牙往日的辉煌已经渐渐黯淡，而此时的法国却虎视眈眈地盯着美洲大陆，法国海盗在海上穿梭，给葡萄牙的贸易往来造成了非常大的影响。若昂三世很担心法国会在巴西建立据点、发展基地，因为那样的话，满载香料的葡萄牙商船更容易被法国海盗抢劫了，于是他加紧了对巴西殖民地的开发和控制，小心谨慎地看护着巴西，即便如此，巴西依旧危机重重……

　　1534 年，若昂三世把整个巴西划分成许多块世袭封地，赐给一些小贵族。然后又建立了许多居民点，渐渐地，巴西成为葡萄牙人的第二故乡，巴西红木、蔗糖等成为热门商品。

　　1822 年 7 月，葡萄牙国王若昂六世的儿子佩德罗起草独立宪法，9 月 7 日，巴西宣布完全脱离葡萄牙而独立，成立了巴西帝国，12 月 1 日，佩德罗在里约热内卢举行加冕典礼，称为佩德罗一世。

❖ 巴西制糖厂

卡布拉尔的船队在好望角附近遇到大风暴，有几艘船被毁，不幸伤亡的人员中有一个恰好是发现好望角的迪亚士，命运之神又一次没有让他见到印度。

❖ 甘蔗种植园中劳工的生活

因红木沦为殖民地

在葡萄牙人的心目中，维拉克鲁兹只是征服印度过程中的附属物，起初并未重视它。后来不断有葡萄牙人在此定居，他们在这里发现一种纹路细密、坚固耐用、色彩鲜艳、与东方红木类似的树木，它既可做家具，又可制染料，因此将它命名为"Pau-brasil"，意为红木，后来，葡萄牙人开始贩卖这种红木，而维拉克鲁兹也逐渐地被叫作"Brasil"（葡萄牙语 Brasil，英语 Brazil），即巴西，并沿用至今。

随着葡萄牙人对巴西红木的开采，这里的经济价值日益体现，巴西也逐渐沦为葡萄牙的殖民地。

复活节岛

我 主 复 活 了 的 土 地

在烟波浩渺的南太平洋上有一座著名而神秘的岛屿，岛上遍布众多的摩艾石像。1722年，荷兰探险家雅各布·罗格文在复活节这天登岛，因此将其取名为复活节岛。

复活节岛现属智利共和国，位于南太平洋东部，形状近似三角形，由3座火山组成，面积为162平方千米。它在地理上属于波利尼西亚群岛，位于该群岛的东端，离大陆和其他岛屿都很远，距离有人定居的皮特开恩群岛有2075千米，距离智利大陆本土更是达3600千米，是一座孤立于太平洋上的岛屿，也是最与世隔绝的岛屿之一。

复活节岛的地面崎岖不平，覆盖着深厚的凝灰岩，海滩上多岩石，遍地都是悬崖峭壁，岛上只有3个海滩，沙子非常干净。

难道是被包围了

复活节岛最早的居民将它称为"拉帕努伊岛"或"赫布亚岛"，意即世界的肚脐。最早发现这座岛屿的其实是英国航海家爱德华·戴维斯，他曾在1686年第一次登陆这座小岛，发现这里一片荒凉，但有许多巨大的石像竖立在这里，戴维斯非常好奇，于是将这里称为"悲惨与奇怪的土地"。

复活节岛的拉诺卡乌火山边缘陡峭，路上都是细碎的沙石，火山湖中央铺满南美洲独有的浮萍，明暗之下是沼泽，呼啸吹过的风让人有摇摇欲坠的错觉。

❖ 拉诺卡乌火山

❖ 一排矗立在海边的巨人石像

1722 年 4 月，荷兰探险家、海军上将雅各布·罗格文率领 3 艘战舰，航行在南太平洋上，他们已经在狂风巨浪中颠簸了数月之久。4 月 5 日，他们突然在暮色中发现一座航海图上没有标记的岛屿。

当地人称这些石像叫"毛阿依"，石帽叫"普卡奥"，放石块的平台叫"阿胡"。

❖ 摩艾石像

复活节岛的拉诺拉拉库山坡上散落着很多摩艾石像，据说岛上的石像都是从这里运过去的。

❖ 拉诺拉拉库

罗格文在兴奋和好奇心的驱使下向小岛靠去，然而，他们发现岛上黑压压地站立着一排排的巨人，"难道是被包围了？"罗格文一行疑惑了，"这些巨人怎么一动不动？"当他们靠近后才发现，原来那是数百尊硕大无比的巨人雕像。

因为这一天正是西方的复活节，所以罗格文将这座小岛命名为复活节岛，意思是"我主复活了的土地"。

摩艾石像之谜

复活节岛上已知约有 887 尊摩艾石像，其中 600 尊整齐地排列在海边。这些石像一般 7~10 米高，重约 90 吨，头较长，眼窝深，鼻子高，下巴突出，耳朵较长；它们没有脚，双臂垂在身躯两旁，双手放在肚皮上；有的石像还戴着用红色岩石刻成的帽子；有的石像身体上刻有奇怪的文身。有的石像竖立在草丛中，有的倒在地面上，有的竖在祭坛上。

除此之外，还有一些比这些石像大 1 倍的石像，但它们多是半成品，被遗弃在石场中。

据考证，这些石像在公元 400 年出现在岛上，岛上原住民的历史中并没有雕刻巨石的记

❖ **阿胡通伽利基的摩艾石像**

位于复活节岛的阿胡通伽利基，有一排 15 尊摩艾石像，尽管高矮胖瘦都不尽相同，但个顶个的是啤酒肚，石像的双手还收在小腹位置，捧着鼓鼓的肚皮，有的戴着帽子，有的没有帽子。这是复活节岛上的网红打卡之地。

关于摩艾石像有一种说法：古拉帕努伊时代，每一位酋长在临死之前，都会命人用石头按照自己的模样雕刻一尊摩艾石像。待酋长死去后，部落的人会将雕刻好的摩艾石像竖立在埋葬着已逝酋长的土地之上——这就是摩艾石像的作用。

❖ **5 块有磁力的圆形滚石**

传说，复活节岛上的古拉帕努伊人当年登陆的时候，从原先居住的岛屿上搬来了这些圆形滚石，象征着"我们搬家到这里啦"，有祈福的寓意。然而，这么大的圆形、带有磁力的滚石是如何制造和运来的呢？这也是岛上一个不可解的谜之一。

❖ 鸟瞰复活节岛

鸟瞰复活节岛，其大大的火山口形如太平洋上的肚脐眼。

录，而且石像的长相也不像当地人，那么，这些石像是谁？又是谁做的？为什么做？至今无人知晓。

朗戈朗戈之谜

复活节岛因神秘的摩艾石像而闻名于世，这里的神秘远不止如此，岛上还有无数令人不解之谜，如朗戈朗戈木板之谜。

朗戈朗戈是一种深褐色的浑圆木板，有的像木桨，上面刻满了一行行图案和文字符号，有长翅两头人；有钩喙、大眼、头两侧长角的两足动物；有螺纹、小船、蜥蜴、蛙、鱼、龟等幻想之物和真实之物。因宗教和战乱的原因，如今，朗戈朗戈几乎绝迹，而且岛上也找不到懂这种文字符号的人了。

"朗戈朗戈"是在太平洋诸岛所见到的第一种文字遗迹，其符号与古埃及文字相似。

❖ 朗戈朗戈木板拓片

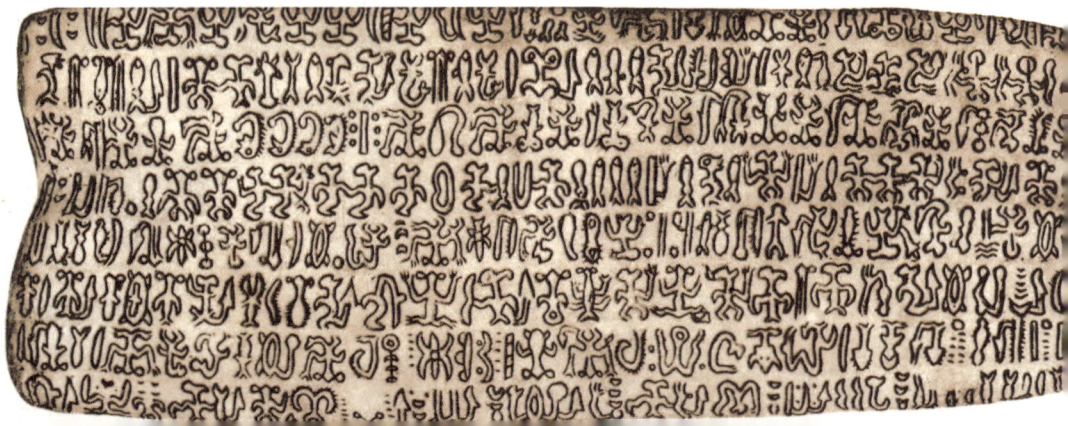

26

专家们认为朗戈朗戈是一种"会说话的木头"，是揭开复活节岛古文明之谜的钥匙。

世界的肚脐

复活节岛的原住民称该岛为"世界的肚脐"，这个称呼是他们的祖先留下来的，可是他们为什么会用这么奇怪的名字来称呼这座岛屿呢？这一直让人无法理解，"世界的肚脐"未必指全岛，可能仅指岛上的火山口如同肚脐眼，那就没什么神秘可言了。然而，直到有飞机从复活节岛上空飞过时，才发现复活节岛孤悬在浩瀚的太平洋上，如同一个小小的肚脐眼一样。可是问题来了，古人是如何能从高空鸟瞰到这个"肚脐眼"的？难道古人也能从高空鸟瞰这座岛屿？这使复活节岛又增添了许多谜团。

从生物天堂到荒无人烟

大约公元 400 年，拉帕努伊人漂流到复活节岛，这时的岛上是生物天堂，不仅有大片的棕榈树林，还有许多珍稀森林动物，远处的海洋里有海豚和海鸟，刚移居到这里的拉帕努伊人无须劳作就能衣食无忧。

可随着人口的增多，资源不断损耗，为了争夺资源，岛上开始有了战争，到了公元 1500 年左右，岛上的森林开始消失。在被罗格文发现后，复活节岛已然成为如今的样子。

欧洲殖民者的到来，给这里带来了更大的灾难，复活节岛上的原住民成了商品，被欧洲殖民者贩卖，很快，岛上仅有的 2000 人也在 5 年之内因贩卖、疾病、宗教等因素而锐减到了 111 人，直到 19 世纪末，智利政府宣布占领复活节岛，岛上的人口才逐渐增长到 2000 多人，即便如此，这里被称为"世界上最孤独的地方"也一点儿不为过。

❖ **复活节岛战时专用的避难洞**
避难洞的洞口十分隐蔽，人们只有通过有尖角的或锯齿形的狭窄通道才能入内。洞底有大量的鱼骨和贝壳，还夹杂着禽类骨骼，几件用人骨、石头和火山玻璃制成的原始工具，以及一些骨头和贝壳做的护身符。远处，满眼都是草地和海水，那种磅礴的凄美感油然而生。

人们一直公认，1722 年 4 月，荷兰籍探险家、海军上将雅各布·罗格文首先登上复活节岛。实际上，1686 年英国航海家爱德华·戴维斯在南太平洋环游时，曾无意之间发现了这座岛，岛上荒凉无比，到处都是石块的碎屑，有大量巨石人立于其上，于是他便将该岛命名为"悲惨与奇怪的土地"。

王子岛

王子岛夜空的星辰璀璨耀眼，大海波光粼粼，草坪广阔无垠，如此美妙之地却曾是拜占庭帝国时期获罪的王子或其他王室成员的囚禁所，随后的奥斯曼帝国也遵循此例，王子岛因而得名。

王子岛位于土耳其伊斯坦布尔的伊斯坦堡沿岸的马尔马拉海中，由9座小岛组成，有美丽的海滩、成荫的绿树，一幢幢别墅若隐若现，还有许多保存完好的拜占庭帝国时期的教堂、修道院和清真寺。

王子岛在拜占庭帝国时期是流放王子的地方，现在则已经成为富人们的乐园，也是外国游客夏日避暑胜地之一。

❖ 查士丁二世

早在公元6世纪时，拜占庭帝国皇帝查士丁二世就曾在王子岛上建造了一座囚宫，用于流放获罪的王子。

王子岛家家户户的门牌都是"定制"的，结合了房主的个性和创意，显得很精致。

❖ 很精致的门牌号

19世纪中期，在伊斯坦布尔和王子岛之间开始有汽船往来，许多生活在伊斯坦布尔的富人，如希腊人、犹太人、亚美尼亚人和土耳其人开始在岛屿上置业作为度假胜地，使岛上形成了许多特殊的小型民族社区。大量维多利亚时期的小别墅、小洋房至今仍完整地保存在王子岛上。

王子岛十分安静、悠闲，除了警局、消防局、医疗和其他特殊需要外，禁止机动车行驶，岛上最佳的出行方式只有4种：乘坐马车、骑自行车、步行、骑马。不管选择用什么样的方式出行，沿途均可吹着微咸的海风，欣赏到精致的拜占庭和土耳其风格建筑，品尝到地道的土耳其美食。

王子岛的常住人口不多，到了晚上8点以后基本就安静了下来，与对岸灯火通明的城市形成了鲜明的对比。对岸那些城市的喧嚣，似乎存在于另外一个世界，这里隔绝了烦恼与忧愁。

❖ 伊斯坦布尔

伊斯坦布尔位于土耳其西北部，横跨欧洲和亚洲，是古代丝绸之路的终点。伊斯坦布尔是土耳其的第一大城市，在拜占庭帝国时期称为君士坦丁堡，1453年落入奥斯曼帝国手中，成为奥斯曼帝国首都，易名为伊斯坦布尔。

伊斯坦布尔是西方人眼里的东方、东方人眼里的西方。这座跨越欧亚大陆的城市带着一种独特的神秘感。

王子岛的9座小岛中最吸引人的是布于克阿达岛（也叫方岛，9座小岛中最大的岛），岛上的豪华别墅依山而建，错落有致地镶嵌在浓浓的绿荫之中。山顶可以俯瞰全岛及马尔马拉海，景色美不胜收。

王子岛中4座主要大岛为最靠近伊斯坦布尔的克纳乐岛、布日伽兹岛、海逸白利亚岛和面积最大的布于克阿达岛。

雷克雅未克

雷克雅未克到处都是间歇泉，热气弥漫，如烟如雾，如同是由精灵打造的童话世界，公元874年，维京人首次登陆这里，将此地命名为"雷克雅未克"，意即"冒烟的海湾"。

雷克雅未克始建于874年，1786年正式建城，历史上曾分别隶属于挪威与丹麦。1944年6月，冰岛共和国成立，雷克雅未克成为首都。

人类历史中第一次记载间歇泉

据地质学家估算，冰岛的间歇泉已经活跃了1万多年，而雷克雅未克的这些间歇性喷出水柱的泉水，是人类历史中第一次以英语单词"Geyser（间歇泉）"记载的。

雷克雅未克地处火山活跃地带，地下水被不断加热，地下压力会变大，从而冲破地表，热的地下水遇到冷空气，便形成了"冒烟的海湾"。

根据传说，金发王哈拉尔德出身于挪威东南王国的王室，其祖先在挪威历史上赫赫有名。他的父亲和祖父都是挪威历史上众多小王国中的国王。哈拉尔德的父亲"黑王"哈夫丹40岁去世时，留给他一个很富裕的小王国。哈夫丹死后，10岁的哈拉尔德于公元860年继承王位，12岁时亲政。

❖ 金发王哈拉尔德雕像

雷克雅未克是冰岛首都，是冰岛最大的港口，也是主要政治、经济和文化中心。它四面临海，位于冰岛西部法赫萨湾东南角、塞尔蒂亚纳半岛北侧，非常接近北极圈，是地球上最北的首都，由于受北大西洋暖流影响，气候温和。

冒烟的海湾

9世纪末，金发王哈拉尔德统一挪威后，驱逐了许多不听话的部落首领。公元874年，被金发王驱逐的部落首领英格尔夫·阿尔纳尔松听说在大西洋中有一座新的岛屿（即冰岛），他便带着勇敢的族人和奴隶一起向冰岛航行，经过长时间的海上航行之后，他看到远处被冰雪覆盖的海湾沿岸升起了缕缕炊烟，以为一定有人居住，于是便把此地命名为"雷克雅未克"，意即"冒烟的海湾"。英格尔夫随即在这里登陆并建立了居民点，事实上，这里处于荒蛮状态，根本没有农舍炊烟，英格尔夫所见到的炊烟是岛上的间歇泉喷出的股股水柱。

冰岛第一个居民点

公元 874 年，英格尔夫在雷克雅未克建立了冰岛的第一个居民点，英格尔夫和他的妻子海尔维格也被公认为是冰岛最早的永久定居者。

此后，来自挪威和爱尔兰的移民不断增加，整个雷克雅未克以及冰岛成为维京移民的据点，这其中就有后来发现格陵兰岛的红发埃里克。直到 10 世纪前期，冰岛历史上的移民时期才结束。

1786 年，丹麦统治冰岛后，雷克雅未克开始正式建城，冰岛独立后，这里成为冰岛的首都。

雷克雅未克有众多的间歇泉，其中最有名的就是大间歇泉，这是冰岛的必到打卡景点之一。大间歇泉是一个直径约 18 米的圆池，水池中央的泉眼直径有十多厘米，泉眼内水温高达百度以上。

❖ 直冲云霄的水柱

❖ 英格尔夫·阿尔纳尔松雕像

艰辛的行程

英格尔夫·阿尔纳尔松被挪威金发王驱逐期间，他们沿途征服并掳掠了一些爱尔兰人，当作奴隶用来划桨和战斗。作为与维京人有着世仇的爱尔兰人，不会放过谋杀维京人的机会，所以在途中爱尔兰奴隶多次试图谋杀英格尔夫，均失败了。

后来，英格尔夫的兄弟莱夫也来到冰岛定居，却被手下的爱尔兰奴隶杀死，英格尔夫为了替他报仇，在韦斯特曼纳群岛的一座无名岛将这些爱尔兰人杀死了。该岛屿因为这个事件被命名为西人岛。

据历史记载，雷克雅未克间歇泉喷涌的最大高度为 170 米，如今泉水喷涌高度和频率都有所减弱，不过依旧很壮观，每一次喷涌都如同一次生命的绽放，令人敬畏。

北欧处于高纬度地带，在维京时代，人们缺衣少食就不必说了，把罪犯赶出人群，让其自生自灭，与一刀毙命的刑罚相比，在恶劣环境下被痛苦折磨而死更是残忍至极。可是如果能够在极致的环境中存活下去，那这种人便会让人惊叹。

冰岛美景很多，而且不同季节有不同的美景，大部分知名风景都集中在首都雷克雅未克周边。

"黄金旅游圈"是到冰岛旅游的必选，圈内汇聚了各景点的精华，世界遗产"辛格维勒国家公园"在雷克雅未克的东北方向，在公园内有世界上最古老的民主议会会址，它还是美剧《权力的游戏》的取景地之一。

雷克雅未克以及整个冰岛有许多温泉，最值得推荐的是蓝湖，蓝湖面积不大，但却是冰岛最负盛名的温泉，湖水奶白色并透蓝，四周雾气缭绕，身入其中如临仙境，是一个泡澡和观景两不误的好地方。旺季里一票难求。

❖ 蓝湖一角

❖ 间歇泉
在遍布冰岛各地的间歇泉中，斯托克尔间歇泉最具代表性，它的喷发次数频繁，每隔 4~8 分钟喷发一次。

无烟城市

冰岛是由大西洋海底的火山喷发形成的，雷克雅未克的地热资源丰富，早在 1928 年就建立了地热供应系统。如今，这里的地热供应系统可为整座城市的人们的生产生活提供热水、暖气，甚至地热电能。雷克雅未克充满了国际大都市的活力，几乎没有污染，故有"无烟城市"之称。

❖ 哈帕音乐厅和会议中心

哈帕音乐厅和会议中心位于冰岛首都雷克雅未克的海陆交界处，是冰岛最新、最大的综合音乐厅、会议中心，哈帕音乐厅和会议中心拥有上千块不规则的几何玻璃砖，随着天空的颜色和季节的变化反射出连彩虹都相形见绌的万千颜色。

雷克雅未克的面积不大，步行或骑自行车均可很快到达任何目的地，也可从机场乘坐大巴到达市内的BSI公交终点站，然后乘坐公交车去往想要去的任何地方。

在雷克雅未克，除了观赏间歇泉外，其周围的乡村还有各式各样的探险路线：三文鱼垂钓、午夜高尔夫、帆船航行、爬山、徒步冰川、骑马和观鲸……让每个到此的人都能深刻体验到这座"冒着烟的无烟城市"的魅力。

❖ 雷克雅未克城市雕塑

格陵兰岛

982 年，维京人红发埃里克因为犯了杀人罪而被驱逐出冰岛，他在流放途中发现了北极圈内的一片陆地，于是他将此地命名为格陵兰（意为"绿色的土地"），其目的是吸引更多的人来此定居。

格陵兰岛南北连接大西洋与北冰洋，西邻加拿大，东望北欧和西欧，控制北冰洋进出大西洋的咽喉海域，可谓"通两洋、瞰两陆"。

格陵兰岛 4/5 的地区处于北极圈之内，85% 的面积被冰雪覆盖，是一个苦寒之地，只有东南部沿海地区适合人类居住，想想在此坚持了 500 年的维京人，他们绝对是一个能够"吃苦耐劳"的人种。

❖ 冰天雪地的格陵兰岛

格陵兰岛是世界上最古老的岛屿，它形成于 38 亿年前，其前身是海底大陆，由大陆板块碰撞而形成。格陵兰岛的面积为 216.6 万平方千米，是世界第一大岛，相当于 10 个大不列颠岛。它位于北美洲的东北部，在北冰洋和大西洋之间，气候严寒，冰雪茫茫，中部地区最冷，月平均温度为 -47℃，绝对最低温度达到 -70℃，是地球上仅次于南极洲的第二个"寒极"。就这样一块冻土却被红发埃里克吹嘘成"绿色的土地"。

发现格兰陵岛

红发埃里克是挪威人，他有满头红发，具有典型的维京人特质，脾气火暴，不太遵循规则，经常犯各种错。

公元 970 年左右，20 岁的埃里克因与人打架并致人死亡，在被仇家和政府逼得无处躲藏的情况下，被他的父亲带着逃到了冰岛。

在冰岛，没有人知道埃里克过去的那些事，他还娶了一位冰岛姑娘，过上了平静的日子。然而，埃里克无法忍受每天重复的枯燥生活，渐渐地恢复了以往的火暴脾气，他在冰岛又连续杀了两人，因此被剥夺了公民权并被驱逐出境，向西流放 3 年。

冰岛西边哪里还有能去的地方呢？埃里克把家里所有的财物都装进一艘残破的小船里，带着一家老小，怀着一线希望，无可奈何地往西划去，在航行了 400 海里后，他发现了一座覆盖着厚厚的冰雪的岛屿，埃里克给这座岛起了个好听的名字："格陵兰"，并在此居住了下来。

格陵兰的英文名字叫"greenland"，意为"绿色的土地"，实际上，岛上只有 15% 的土地没有被冰雪覆盖，埃里克为了吸引更多人移民来此，取了这个诱惑人的名字，并在外大肆宣扬这块绿

❖ 红发埃里克

红发埃里克出生于挪威的罗加兰，他的儿子莱夫·埃里克松后来也成为一名著名的探险家。

格陵兰岛最大城市努克的常住居民才 1 万多人，整个格陵兰岛的产业以旅游业和海洋渔业为主。

❖ 努克

❖ 格陵兰岛鲜艳的房屋

格陵兰岛并不像它的名字一样充满春意，那里气候严寒、冰雪茫茫。在红发埃里克到达之前60年，曾经有一个名叫贡比尧恩的挪威人在乘船去冰岛的途中遇到强风暴，被刮到一个叫不出名的高地，由于有巨大的冰块阻挡，贡比尧恩没能登陆成功，这座岛就是格陵兰岛，而贡比尧恩错过了发现大岛的机会。

在北欧也只有土豪才会去格陵兰岛玩耍，因为格陵兰岛的大多数生活用品只能从冰岛和丹麦进口，而北欧物价本来就高，再加上格陵兰岛的市场小，催生了高物价。

色的土地。正如埃里克在他的探险日记中所写："假如这个地方有个动人的名字，一定会吸引许多人到这里来。"在他的鼓吹下，数千维京人迁徙到这个荒凉的冰原上，从事狩猎与捕鱼，后来，岛上还迁移来了一些因纽特人，他们便是格陵兰岛最早的居民。

世界上的最大岛屿——格陵兰岛，就这样被一名走投无路的罪犯所发现，成为世界上唯一一个被罪犯所发现并命名的岛屿。

❖ 北极光

因纽特人的雪屋

　　格陵兰岛并不适合人类居住，但是由于这座岛被人类征服，使人类深入冰雪世界并为继续向北探险提供了可能。

　　如今，格陵兰岛大约 80% 的人口是因纽特人或因纽特人与丹麦人、挪威人等维京人的混血后代。

　　因纽特人就是我们常说的"爱斯基摩人"，不过，他们并不喜欢这样的称呼，因为这是敌人对他们的蔑称，意为"吃生肉的人"。

　　因纽特人是地地道道的黄种人，主要从事狩猎，辅以捕鱼和驯鹿，他们一般会养狗，用来拉雪橇。

　　因纽特人居住的房屋一般为石屋、木屋和雪屋，房屋一半陷入地下，门道极低。雪屋是将雪垒压、切割成雪砖，再堆砌而成的，是非常典型、独特的北极因纽特人的房屋。由于独特的建筑和生活方式，如今，因纽特人文化成为格陵兰岛的著名旅游项目。

邂逅北极光

　　格陵兰全岛 85% 的陆地被冰雪覆盖，这里最醒目的是突然出现的一排排色彩明亮、五颜六色的鲜艳房屋，加上环抱

❖ 因纽特人村庄遗址

这是位于格陵兰岛南岸的纳萨尔苏瓦克城镇的因纽特人村庄遗址。这是一座陷入地下的石、木混合的房屋，算是早期比较先进的建筑了。

格陵兰岛是一个由高耸的山脉、庞大的蓝绿色冰山、壮丽的峡湾和贫瘠裸露的岩石组成的地区。从空中看，它像一片辽阔空旷的荒野，那里参差不齐的黑色山峰偶尔穿透白色炫目并无限延伸的冰原。但从地面看去，格陵兰岛是一座气候差异很大的岛屿：夏天，海岸附近的草甸盛开紫色的虎耳草和黄色的罂粟花，还有灌木状的山地木岑和桦树。但是，格陵兰岛中部仍然被封闭在巨大冰盖中，在几百千米内既找不到一块草地，也找不到一朵小花。

❖ 在格陵兰岛观鲸

努克是全世界最好的观鲸地之一。

冰峡湾位于格陵兰岛第三大城镇伊卢利萨特，此处的冰川每天流动20~35米，每年有200亿吨冰山崩裂和排出峡湾。这里的水面上常可见各种大小的浮冰。如今，在通往冰峡湾的沿途铺上了木栈道，便于徒步欣赏冰峡湾美景。

❖ 冰峡湾木栈道

四周的冰山、冰川和矮小的树木及绿油油的草坪，仿佛童话世界一般。

此外，格兰陵岛还有极地特有的极昼和极夜现象，偶尔还会出现色彩绚丽的北极光，使这座被冰雪覆盖的岛屿更具奇幻色彩。

格陵兰岛是观赏北极光的理想地点，北极光时而如五彩缤纷的焰火喷射天空，时而又如手执彩绸的仙女翩翩起舞，给格陵兰岛的夜空带来一派生机。

世界最北的国家公园

格陵兰岛拥有"世界上最大的国家公园"和"世界最北的国家公园"——东北格陵兰国家公园，这座公园成立于1974年，面积为97.2万平方千米，约占整个格陵兰岛面积的45%。

东北格陵兰国家公园保护了格陵兰岛冰盖的广大区域，有高耸的山脉、庞大的蓝绿色冰山、壮丽的峡湾和贫瘠裸露的岩石等；还有许多动物生活在那里，包括北极熊、北极狐、海牛、白鲸等；以及各种鸟类，如白颊黑雁、粉脚雁、雪鹗、渡鸦等。

在格兰陵岛，除了城镇外，其他地方没有什么人间烟火，如同拓荒者到来之前一样，到处是冰川和神秘的无人之地，世界仿佛一片寂静。

圣萨尔瓦多

1492 年，哥伦布率领船队在大西洋航行了 70 个昼夜后，在快要绝望的时候发现了这片土地，为此他将此地命名为"圣萨尔瓦多"，意为"神圣的救命恩人"或"救世主"，以示对神的感谢。

1492 年 8 月 3 日，哥伦布受西班牙女王伊莎贝拉一世派遣，带着给印度君主和中国皇帝的国书，率领由 3 艘帆船组成的船队，从西班牙的巴罗斯港扬帆起航。这是一次横渡大西洋的壮举。在这之前，谁都没有横渡

哥伦布（1451—1506 年），全名克里斯托弗·哥伦布，意大利探险家、航海家，大航海时代的主要人物之一，是地理大发现的先驱。

哥伦布出生于意大利西北部的热那亚地区，他的父亲是纺织工人，是信奉基督教的犹太人。青年时期的哥伦布从事过许多不同的职业。他经历过海难、海战，甚至还见过"长得不一样"的中国人。

哥伦布的航海人生要从他的婚姻开始说起，由于受《马可·波罗游记》的影响，年轻时的哥伦布就有出海探险的理想。他和一位家世显赫的葡萄牙姑娘结婚，借此进入了当时最有名的探险家族。婚后，他成天厮混于码头的酒吧里打探各种关于远方的传说。

❖ 哥伦布

《哥伦布航海日记》是对哥伦布航海过程的记录，但是其中也不乏记录着他们一行人对黄金的贪欲，为掠夺黄金，他们不惜对印第安人进行欺诈，内部也因此分裂。这是欧洲第一部记述新大陆以及欧洲人在新大陆活动的作品，充满了探险精神，一经问世即大受欢迎。500 多年来被译成多种文字，备受各国读者的喜爱。

❖《哥伦布航海日记》的手稿

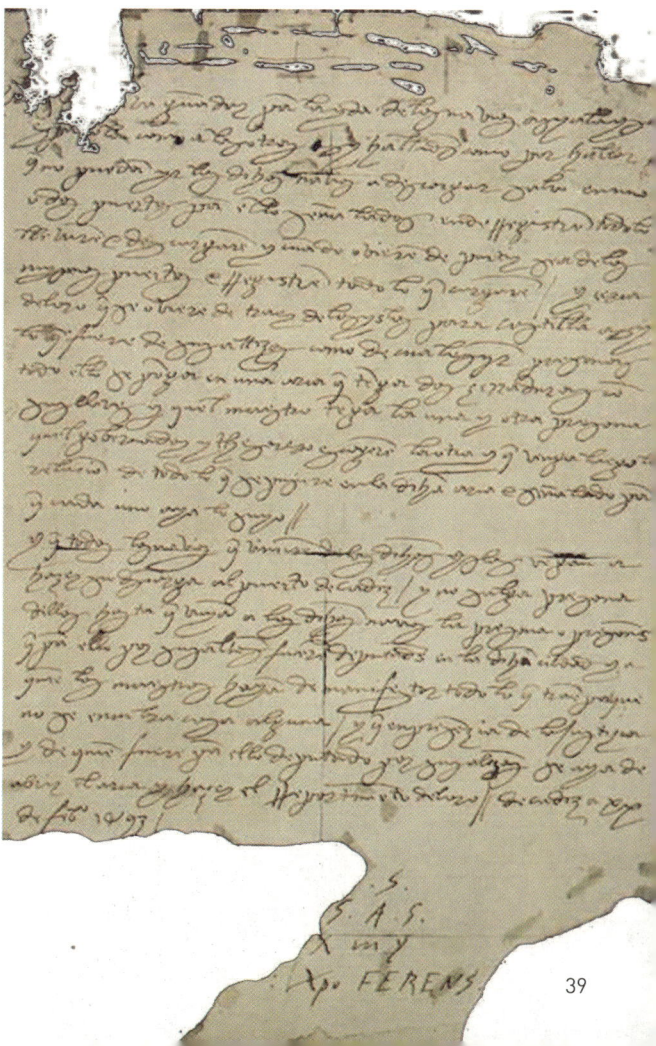

❖ 女王夫妇听哥伦布介绍如何探索新世界

据说，女王伊莎贝拉一世赏识哥伦布的胆略，为了支持他的探险，甚至不惜拿出自己的私房钱资助他。

过大西洋，不知道前面是什么地方。经过 70 个昼夜的艰苦航行后，水手们沉不住气了，吵着要返航。哥伦布坚定地认为他们能够到达印度，他安抚了手下的船员，请求他们再给自己 3 天时间向西探索。1492 年 10 月 12 日凌晨，他们终于发现了梦寐以求的陆地，即巴哈马群岛东部大西洋边缘上的一座小岛，原住民称其为"瓜纳哈尼"（Gunahani，意为"我不懂"）。哥伦布上岛后，将该岛命名为"圣萨尔瓦多"，意为"神圣的救命恩人"或

❖ 哥伦布舰队的旗舰——"圣玛丽亚"号

"圣玛丽亚"号是哥伦布首航美洲舰队 3 艘船（"圣玛丽亚"号、"平塔"号、"尼尼亚"号）中的旗舰。它只是一艘普通的帆船，在 1492 年 2 月 25 日晚上搁浅受损。

"救世主"，这就是哥伦布首次登上美洲大陆的地方（哥伦布到死都以为他发现的是"印度"）。

哥伦布为了寻找中国和印度，无意中到达了美洲。从此，美洲结束了与世隔绝的状态，西班牙殖民者把整个巴哈马群岛上的卢卡约斯人掳往海地等地充当奴隶，导致岛上的原住民灭绝。

哥伦布的这次航行开辟了横渡大西洋到美洲的航路，使欧洲与美洲开始持续接触，并拉开了波澜壮阔的大航海时代的序幕。

❖ 登陆美洲的哥伦布一行人

哥伦布作为一个航海者是伟大的，但他同时也是一个万恶的殖民者，他在殖民美洲时所做的事是人们无法想象的。毕竟从一开始，这个伟大的航海家进行航海的目的就是获得黄金，这间接导致了三角贸易。

❖ 女王亲自送哥伦布出海

1492 年 8 月 3 日，哥伦布辞别了西班牙女王，率领由"圣玛丽亚"号、"平塔"号和"尼尼亚"号 3 艘船及近 120 名船员组成的探险队出海。

14—15 世纪欧洲资本主义开始快速发展后，对原材料的需求和掠夺的欲望促使了新航路的开辟。之后，欧洲人开始对美洲等进行政治控制，经济剥削和掠夺，宗教和文化渗透，并大量殖民，使该大陆原住民的土地丧失，成为宗主国的殖民地。

毛里求斯岛

马克·吐温曾在一篇文章中这样形容毛里求斯："毛里求斯岛是天堂的故乡，因为天堂是依照毛里求斯而打造出来的。"于是，这里便有了"天堂的故乡"的美名。1598年，荷兰殖民者来到此地，被这座美丽的岛屿深深吸引，并以荷兰莫里斯王子的名字将其命名为毛里求斯。

毛里求斯是非洲国家，但它距离非洲大陆最东端有2200千米，中间还隔着一座面积巨大的马达加斯加岛。

这是一座如桥梁般的悬崖，桥下激起汹涌澎湃的巨浪，使人不禁感叹大自然的鬼斧神工。

❖ 毛里求斯自然桥

毛里求斯岛位于亚洲、非洲和大洋洲大陆的中间，在马达加斯加岛和塞舌尔的西边，是印度洋上的一座火山岛，被称为"印度洋门户的一把钥匙"。

毛里求斯岛上熔岩广布，多火山口，形成了千姿百态的地貌形态：沿海是狭窄的平原；中部是高原山地，有多座山脉和孤立的山峰，森林茂密，多黑檀、桃花心木等名贵树种，景色颇为壮观。除了风景绮丽的自然风光外，毛里求斯岛还是动物们的天堂。

❖ 殖民者的甘蔗园

曾被荷兰东印度公司控制

　　毛里求斯岛的历史最早可追溯到 10 世纪左右，当时东非沿岸的斯瓦希里人曾到达此地，并称它为迪纳·阿鲁比。

　　1505 年，葡萄牙人马斯克林来到这里，他看到岛上满是扑扑棱棱飞舞的蝙蝠，于是把这座岛屿叫作"蝙蝠岛"。当时，葡萄牙几乎控制着整个大西洋向东的海上贸易通道，因此，马斯克林对这样一座荒无人烟的岛屿毫无兴趣。

莫里斯王子是指拿骚的莫里斯，他是荷兰国父奥兰治亲王（沉默者威廉）的儿子，在父亲死后继位，以出众的军事天分而闻名于世。

❖ 莫里斯王子

毛里求斯属于亚热带海洋性气候，全年分雨、旱两个季节，平均温度 25℃。这里风景优美，海景尤为独特，拥有"阳光之岛""天堂岛"的美称。

❖ 毛里求斯炮台遗迹

1598 年，荷兰殖民者来到这里，并以荷兰莫里斯王子的名字将其命名为毛里求斯。之后，这里被荷兰东印度公司控制，成为甘蔗种植基地，岛上的糖业生产迅速发展，丰厚的利益使它成为列强们眼中的香饽饽，其先后被荷兰、法国、印度、英国所统治。直到 1968 年，毛里求斯宣布独立，成为英联邦成员国才告别了被盘剥的命运，其在经济方面仍保持单一种植制度，甘蔗种植面积占总耕地面积的 93%。

路易港

在荷兰殖民者来到毛里求斯 100 多年后，法国殖民者占领了这里，并使岛上的制糖业和茶叶贸易得到迅速发展。1735 年，法国总督布唐奈斯在毛里求斯西北岸建立了一座贸易港，并以法国国王路易十四的名字将其命名为路易港。

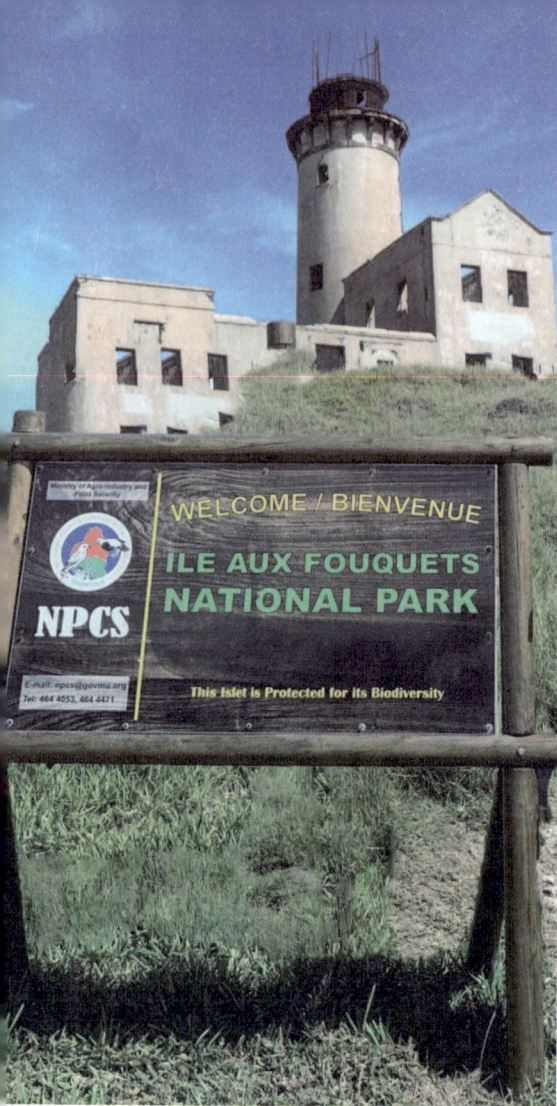

❖ 《分手大师》取景地

这是毛里求斯的灯塔岛，也是电影《分手大师》的取景地。

阿德莱德堡位于路易港东南面的炮台山上，可以俯瞰整个路易港全景。这是一个军事防御堡垒，未对外开放，但是付费给看守后可以进入。

❖ 阿德莱德堡

后来，英国殖民者又将整个毛里求斯变为欧洲到印度的中转站，路易港成为一个繁荣的中转港口。

如今，路易港是毛里求斯的首都，也是主要港口，这里聚居着非洲人、欧洲人、阿拉伯人、印度人等，以及众多的华侨。

路易港的建筑风格多样并具有各个时期的特点，既有西方式的议会大厦、市政厅、教堂等，也有阿拉伯式的清真寺、印度式的寺院和中国式的庙宇，还有许多殖民时期的建筑，如阿德莱德堡。除此之外，在路易港港区还有一座自然博物馆，馆内藏有一具已经灭绝的渡渡鸟的骸骨，这种鸟是毛里求斯的象征。

❖ 毛里求斯海底瀑布

毛里求斯曾是世界上唯一有渡渡鸟的地方。渡渡鸟是一种不会飞的鸟，可惜这个稀有鸟种已经在17世纪末灭绝。毛里求斯的茶隼和粉鸽也是世界上的珍稀动物。

❖ 灭绝的渡渡鸟

红顶教堂位于路易港，红色的屋顶、白色的墙面、绿色的草坪再加上蓝色的海洋作为背景，使它成为毛里求斯的浪漫之地，许多明星曾在此打卡。

❖ 红顶教堂

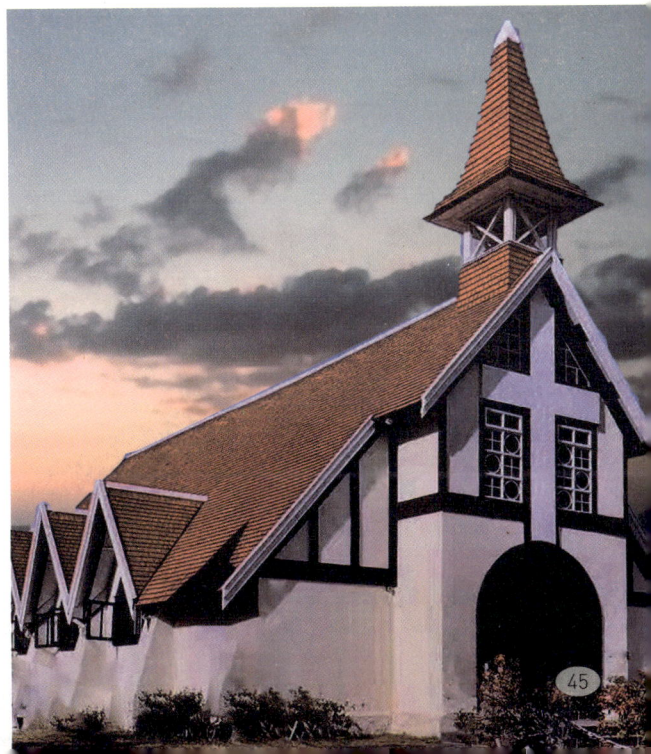

据当地人介绍，即使是把山坡上不同颜色的土翻耕，混合在一起，只要经过几场大雨，山坡上的七色土又会恢复原状。

❖ 七色土

与中国类似的习俗

毛里求斯虽然一直被欧洲各国殖民，但是它作为欧洲与东方贸易的中转站，时常会有华人到访和移民于此。据记载，早在 18 — 19 世纪时就有广东人和福建人向毛里求斯岛移居，在清末和民国初年曾发生过一次大规模的移民潮。他们大都是来此经商、务工或者是随海船而来的水手，我国的风俗也被带到这里，并影响了整个毛里求斯。

如今，毛里求斯有许多习俗与我国类似，如祭祀祖先、烧香拜佛、清明扫墓等，最具特点的要数毛里求斯的"关帝庙"，它也是这里的各种神庙中香火最鼎盛的。

透明到极致的小岛

如今，毛里求斯是非洲少有的富国之一，2016 年，毛里求斯的人均 GDP 达到 9628 美元，拥有相对富裕的生活和较为发达的经济，被人们称为"非洲瑞士"。

毛里求斯发达的经济除了得益于历史延续的甘蔗种植之外，旅游业也成为其一大经济支柱。

毛里求斯岛像一块碧绿的翡翠，被周边一层浅绿色、如同水晶体的海水包围着，浩渺、蔚蓝的印度洋高达两三米的

❖ 毛里求斯唐人街

据说，太平天国天王洪秀全的后人，被清兵追杀时无路可逃，只得往西南下海，越过印度洋，到达毛里求斯岛定居下来。

巨浪拍打在毛里求斯岛海岸，如同给它绣上了一圈白色闪亮的花边。

　　毛里求斯岛周边的水呈绿色、橙红色、白色等自然色彩，混合在一起变成一幅充满神秘感的风景画。

　　毛里求斯岛除南部有一小段海岸线外，几乎整座岛都被珊瑚礁包围着，拥有多样化的生物，也是大量濒危珊瑚的栖息地，是一个世界闻名的潜水胜地。

　　毛里求斯素以风光旖旎著称于世，拥有白色的沙滩和碧蓝的海水，干净得出乎人的想象，如果只凭想象，你永远无法触摸到它的真容。它拥有一张典型的非洲面孔——热烈奔放，骨子里却透露着法国的浪漫、英国的优雅和印度的妩媚。

毛里求斯由于多种族杂居，饮食显得五花八门，如印度咖喱、东非烧鸡、英国烧牛肉、客家人的梅菜扣肉等，岛上也盛产水果和海鲜，价格适宜，种类繁多。

毛里求斯的高尔夫球全球排第三名，仅次于英国和印度。另外，毛里求斯的卡纳俱乐部是南半球最古老的高尔夫俱乐部，也是世界上第四大古老的俱乐部。

❖ 莫纳山

莫纳山在2008年被列入世界自然遗产。传说在19世纪初，即毛里求斯奴隶制度被废弃前夕，有一群奴隶不堪剥削，逃亡到莫纳山避难。这群奴隶并不知道，在他们逃亡过程中奴隶制度被废除，当他们看到一队士兵向莫纳山而来，奴隶们十分惊恐，退到悬崖边，由于害怕被抓，从悬崖上跳下身亡。

美洲

哥伦布一直被许多人认为是新大陆（美洲大陆）的发现者，但是美国却正式承认维京人莱夫·埃里克松是第一个到达美洲的人。

美洲的最早发现者有争议。美国《林肯每日星报》2014年11月14日的报道称，有证据表明中国航海家郑和可能最先发现美洲新大陆。

美洲是亚美利加洲的简称，这个名字的来历是为了纪念一位意大利航海家亚美利哥·韦斯普奇。他于1499年探索了南美洲的东海岸和加勒比海地区，最早意识到哥伦布发现的"印度"是一个新的大陆，并绘制了新大陆的地图。他的名字用拉丁文写是"Americus Vespucius"。因为其他大陆用的名字都是女性化的拉丁语，所以，"Americus"就变成了女性化的拉丁语"America"。

❖ 莱夫·埃里克松雕像
莱夫在海上探险的过程非常惊险，但由于他都闯了过去，于是他有一个"好运莱夫"的绰号。

1964年，美国总统林登·贝恩斯·约翰逊在国会的一致支持下，宣布每年10月9日为"莱夫·埃里克松日"，以纪念这位第一个踏上北美洲领土的欧洲人。

维京人是集探险家、海盗、商人、武士于一体的海上贸易集团，他们在公元8—11世纪到达全盛时期，当时他们的活动区域从北欧向欧洲内陆、美洲等地渗透。

莱夫·埃里克松出生于公元970年或980年，他与其兄弟早年跟随父亲红发埃里克生活在格陵兰岛，同时探索着周边的蛮荒之地。

酷爱冒险的莱夫·埃里克松不甘于在格陵兰岛周边活动，于是驾船去往更远的地方探险，他到达了一座充满平板石的岛屿，将其命名为赫尔陆兰，意为"平石之地"，此地就是今天加拿大的巴芬岛；接着他又抵达了一座岛屿，他将其命名为马克兰，意指"树岛"，马克兰就是今天北美哈得孙湾与大西洋间的拉布拉多半岛。之后，莱夫又发现了一座岛屿，这里有丰富的水产，气候温和，冬天只有一点儿霜，没有冰天雪地，他将其命名为文兰，并在此岛居住了很长一段时间。

后来，莱夫在返回格陵兰岛的途中，又发现了一块大大的陆地，这就是北美洲。虽然哥伦布一直被许多人认为是美洲的发现者，但是莱夫却早他500年就发现了这个大陆，并且被美国正式承认了。

好望角

1488 年 12 月，葡萄牙探险家迪亚士回到首都里斯市后，向国王若昂二世描述了他在"风暴角"的见闻，若昂二世认为绕过这个海角就有希望到达梦寐以求的印度，因此将"风暴角"改名为"好望角"。

15 世纪，西方与东方的贸易航线被阿拉伯人和威尼斯人控制，他们通过将东方的香料、香水、茶叶、丝绸和药品等运到欧洲出售，大发其财。尤其是《马可·波罗游记》出版之后，书中描述的富庶东方就一直是欧洲人向往的地方，当时新兴的航海国家葡萄牙也想在与东方的贸易中分一杯羹，但是它被威尼斯排挤在地中海贸易之外，因此葡萄牙想越过威尼斯和阿拉伯的中间商，直接跟东方做生意。

15 世纪下半叶，葡萄牙国王若昂二世曾派遣多支船队出海探险，希望能够探索出一条通向印度的航道。

1500 年，"好望角之父"迪亚士再航好望角，这次却因遇巨浪而葬身于此。

好望角是一个细长的岩石岬角，像一把利剑直插入海底。在好望角的一侧矗立着一座灯塔，颇具历史，这座白色灯塔不仅是一个方向坐标，同时在它的告示牌上还清楚地写着世界上 10 个著名城市与它的距离，如北京 12 933 千米。

若昂二世（1455—1495 年），葡萄牙阿维什王朝君主，大航海时代的开创者，在位期间，他大力支持开辟通向印度的新航路。

❖ 迪亚士

❖ 若昂二世

1849 年，好望角建造了一座灯塔，因为这里经常有雾，不能很好地发挥它作为灯塔的作用，于 1919 年废弃，改建成观景台，倒也物超所值。

1487 年 8 月，著名航海家迪亚士奉葡萄牙国王若昂二世之命，率领由 3 艘船组成的探险队从里斯本出发，目的是沿着非洲西海岸南下，绕过非洲，寻找一条通往马可·波罗所描述的东方"黄金乐土"的海上通道。

迪亚士率领探险队经过南纬 22° 后，开始探索欧洲航海家还从未到过的海区。大约在 1488 年 1 月初，迪亚士航行到南纬 33° 线。1488 年 2 月 3 日，他到达了今天南非的伊丽莎白港。迪亚士认为自己真的找到了通往印度的航线，为了印证自己的想法，他让探险队继续向东北方向航行。3 天后，他们到达非洲最南端一个未知名的岬角，但是强劲的风暴使这支探险队遭遇了前所未有的危险，无奈之下，迪亚士只能被迫折回葡萄牙。

迪亚士将这个迫使他们返航的岬角命名为"风暴角"，并向若昂二世做了汇报，若昂二世听完迪亚士的描述后，认为他虽然未能成功开辟到达印度的航线，却有力地推动了发现印度航线的进程，因此这个岬角是通往东方的希望，所以将"风暴角"改名为"好望角"。

好望角代表着葡萄牙人乃至欧洲人成功开辟通往东方航线的美好希望。1497 年 11 月，达·伽马率领船队将这个希望变成了现实，从此，好望角成为欧洲人进入印度洋的海岸指路标。

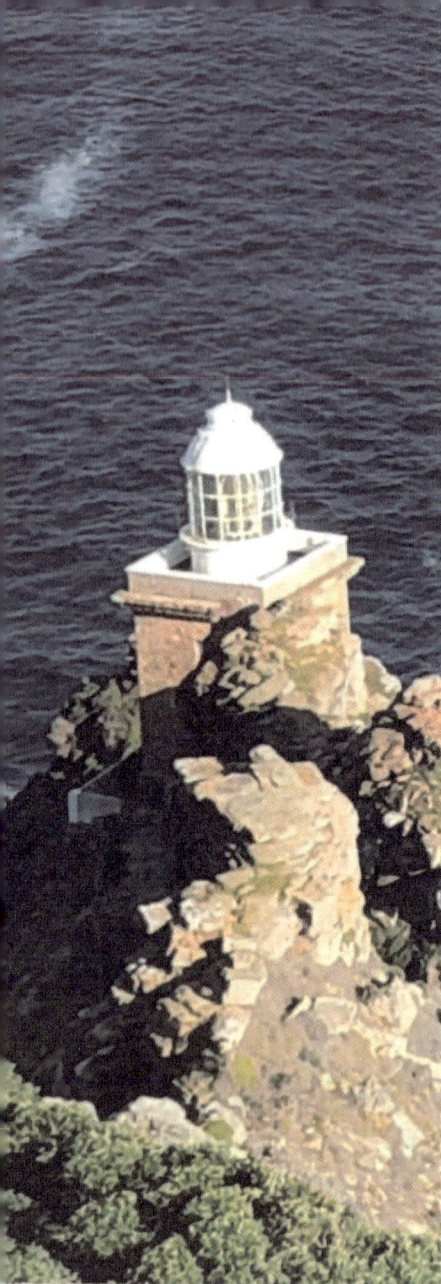

❖ 好望角新灯塔

好望角老灯塔停止使用后，在老灯塔前端山腰间又修建了一座新灯塔，站在通往观景台的阶梯上才能发现它的存在。

❖ 好望角木质地标牌

CAPE OF GOOD HOPE
THE MOST SOUTH-WESTERN POINT
OF THE AFRICAN CONTINENT

34° 21′ 25″ SOUTH
18° 28′ 26″ EAST

CAPE OF GOOD HOPE
THE MOST SOUTH-WESTERN POIN
OF THE AFRICAN CONTINENT

温哥华岛

18世纪中期，英国探险家、皇家海军军官乔治·温哥华最早完成对温哥华岛的测绘和勘查，并确立了英国对此地的管辖权，后人便用他的名字命名该岛，同时冠以其名的还有附近的温哥华市。

温哥华市位于加拿大西南部的太平洋沿岸，是加拿大的主要港口城市，按照习惯来理解，温哥华市肯定在温哥华岛上，但并非如此。温哥华岛是一座位于温哥华市东侧对岸的岛屿，有"北美第一岛"之称。这里的一切都充满"英伦范"，既有高山、流水、森林步道组成的美丽的风景线；也有古建筑、庙宇、教堂、花园组成的城市；更有海湾、沙滩、海水映衬的戏水天堂。

很早就有人类居住

温哥华岛在千年前就已经有人定居，他们分别是撒利希人、努特卡人和夸扣特尔人。1774年，西班牙船队来到此地，这里丰富的皮毛资源被西班牙人大肆掠夺，丰厚的皮毛贸易利益很快吸引了更多其他欧洲国家的探险者和贸易商，最终经过战斗，英国殖民者控制了这座岛屿。1843年，哈得孙湾公司在岛的南端建立了据点，也就是如今的维多利亚市。1848年，温哥华岛殖民地正式建立，詹姆斯·道格拉斯是第一任总督，维多利亚市是殖民地首府。英国曾统治这里近百年，直到1871年，温哥华岛随着不列颠哥伦比亚一起加入加拿大联邦。

❖ 乔治·温哥华雕像

在温哥华岛有很多沙滩和森林步道，为人们提供了多种海上和户外运动项目。

❖ 温哥华岛森林步道

❖ 雷鸟公园图腾柱

雷鸟公园是温哥华岛一处大型露天的户外印第安文化展示区。图腾柱上是雷鸟图形。

❖ 温哥华岛海岸线上的艺术品

在温哥华岛180千米长的海岸线上有很多这样的艺术品，有用朽木做的，有用石头垒的，也有用沙子直接堆成的……

最丰富的生态系统

温哥华岛与我国台湾岛的面积差不多大，岛上人口75万人左右，是真正的"地广人稀"。岛中央有东西向横贯的山脉，俗称"温哥华岛山"，这里有众多户外活动项目，如登山、滑雪等。就整座岛屿而言，东岸以沙岸地形居多，并且靠近加拿大本土，开发程度比西岸要好；而西岸多为陡峭的岩岸和峡湾地形，尚未被完全开发，但是也正因为如此，这里成为钓客、潜水者及其他水上活动爱好者的天堂。

温哥华岛从南部魅力非凡的维多利亚市，一直延伸到北端的细软海滩和崎岖的斯科特角，连同海湾一起，拥有大片的原始森林、耸立的高山和绵延的海岸线，从而造就了地球上生物多样性最丰富的生态系统之一。

熊雨林

温哥华岛是北美大陆西海岸最大的岛屿，这样的地理环境似乎与雨林搭不上边，但是温哥华岛却有世界上少有的温带雨林，又名熊雨林，这里因生活着一种极为神秘、相当珍贵的"白灵熊"而得名。熊雨林中遍布树龄超过千年的珍贵树木、蜿蜒曲折的河道，在这里繁衍生息的动物有海岸狼、鹰、棕熊、鹿、山羊等。熊雨林沿海及海洋中有海豹、海狮、海豚以及各类鲸等生物。

❖ 白灵熊
白灵熊（卡莫德熊）并非北极熊，它们生活在加拿大的熊雨林，即英属哥伦比亚海岸与温哥华岛之间。

❖ 风平浪静的峡湾

❖ 温哥华岛唐人街
这里是加拿大最大、最古老的唐人街，在整个北美洲规模也是第二大，始建于1858年，比加拿大建国还早。这里的华裔移民大多是趁着淘金热而来的，一部分来自我国广东省，也有一部分是先到达美国东部再辗转前来的。英国女王伊丽莎白二世曾来此参观，该地也因成为英国王室唯一造访过的唐人街而名震一时。

❖ 为暴风雨而生的酒店

维克安宁尼西酒店坐落于温哥华岛的太平洋沿岸，是一家为暴风雨而生的酒店。2019年，它被《悦游》杂志评为"加拿大第一度假胜地"。它孤零零地伫立在太平洋海岸的礁石之上，被惊涛骇浪和原始雨林紧紧包围。

❖ 雨林环抱的湖面

全球最适合观赏风暴的目的地之一

温哥华岛西海岸是全球最适合观赏风暴的目的地之一。太平洋的暴风雨团会在每年的11月到次年的3月怒袭温哥华岛西海岸。期间，人们只需入住沿海的酒店，站在大大的玻璃窗边，就可以欣赏到飓风以时速70多千米、卷起3米多高的海浪拍打海滩，撞击酒店脚下的岩石，惊涛骇浪卷起的浪花砸在酒店的玻璃窗上的景象，令人胆寒，使人不禁想到一句很应景的话："在追风暴的人眼里，暴风骤雨绝对是大自然最神奇的杰作之一，就如同大海会咆哮，人类会愤怒。有人视它为灾难，有人却迷醉它的狂野之美。"

温哥华岛西海岸还有不计其数的海湾、河口、沙滩等，可以免受风暴袭扰，是一个休闲度假的好去处。

开在加拿大国土的英伦玫瑰

温哥华岛上几乎50%的人群居住在首府维多利亚市，它既是岛上第一大城市，也是岛屿西岸最古老的城市，就像是一朵开在加拿大国土的英伦玫瑰，整座城

❖ 省议会大厦

省议会大厦是一座宏伟的维多利亚式建筑，历史感浓厚，面对着美丽的维多利亚内港。

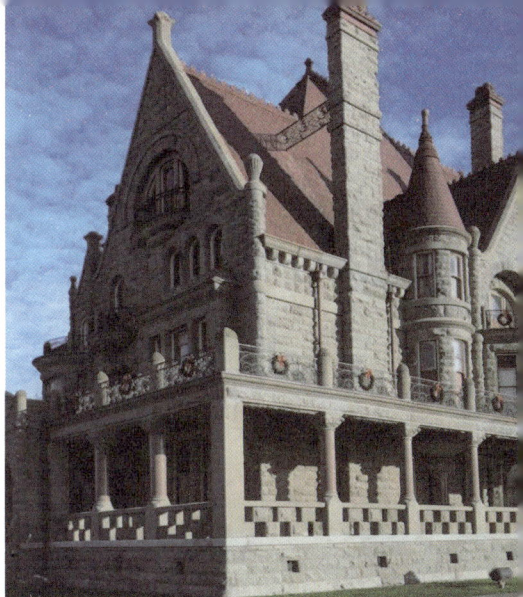

❖ 魁达洛古堡

该堡建于 1890 年，是当时靠煤矿发迹的富商罗勃特及其夫人兴建的私家古堡，后来古堡被其后人拍卖，先后成为部队医院、维多利亚学院和维多利亚音乐学院，直至 1979 年成为博物馆。它是维多利亚市的地标性建筑，被指定为加拿大国家历史遗址。

市的建筑文化、风俗习惯都很有"英伦范"。

维多利亚市最繁华的地方是维多利亚港，港内停满了游艇，岸边是环绕港湾的大道，大道边上依次建有省议会大厦、皇家伦敦蜡像馆、皇家 BC 博物馆、皇后大酒店和太平洋海底花园等。

大道边上立有古典味很浓的路灯，路灯上挂满了鲜花，无论白天还是晚上，沿街都会有许多的街头艺术家，如画师、手工艺者、拉小提琴的、唱歌的、杂耍的……满满的"英伦范"，来此走上一遭，别有一番情调。

❖ 小气鬼图腾柱

温哥华岛上有许多由高大雪松雕刻成的拙朴图腾柱，是原住民用来记录历史的工具。柱上的每一个图案都代表着特殊含义，然后一个个叠上去，便组成一根可以叙述事情的柱子。1867 年，一位经过此地的美国议员接受原住民的丰厚赠礼后，却没有任何回礼，便被在图腾柱上雕刻成一个小矮人，脸被涂成白色，嘲笑他是个小气鬼，被人嘲笑了 100 多年。

❖ 布查特花园内的喷水龙

这是我国苏州赠送给布查特花园的。

布查特花园——世界级室外花园

　　布查特花园是温哥华岛上最值得一游的地方，位于维多利亚市郊区，花园内按风格分为5个区，有日本花园、玫瑰花园、意大利花园、地中海花园，以及一个"下沉花园"，之前完全是被挖空的丑陋深坑，被园丁们装扮成了巧夺天工的美景。

　　布查特花园自1904年开始修建，在110多年的时间里，经过布查特家族4代人的辛勤耕耘，布查特花园成为世界上最大、最美丽的私人花园之一，并被加拿大政府定为"加拿大国家历史遗址"。

　　除此之外，维多利亚市还有很多著名的景点，如魁达洛古堡、布查特花园、蝴蝶花园、唐人街、水晶花园和维多利亚大学，这些景点相互之间的距离不远，徒步不久就可以到达。

　　除维多利亚市以外，温哥华岛上还有邓肯、纳奈莫、艾伯尼港、考特尼、北考伊琴、哈迪港、坎贝尔里弗等众多古镇，以及繁花似锦的花园、绿树成荫的海滨公园、富丽堂皇的酒店和博物馆、波希米亚风格的餐厅及精酿啤酒厂。这座岛屿虽然在地理上更靠近美国，但其气质却更有"英伦范"，是度假休闲的上上之选。

❖ 布查特花园

南塔克特岛

11世纪左右，维京海盗从斯堪的纳维亚驾驶着长船，经过长途跋涉后曾"到访"过这里，他们不仅没有对此地进行劫掠，还受到了印第安人的热情款待，和当地人成了朋友，此后，印第安人将此地称为"Canopache"，意为"和平之地"，而维京人则称之为南塔克特，即"遥远之地"。

南塔克特岛位于美国马萨诸塞州（简称"麻省"）南部鳕鱼角（科德角）以南约48千米的海上，是一个面积约200平方千米的小岛城，常住人口仅有1万人左右，但每当夏季来临时，岛上的人数就会剧增，甚至比平时翻5倍，这是由于南塔克特岛靠近墨西哥湾流，在夏季比大陆凉快10%，冬季又温暖10%，它与麻省的另一座岛屿马萨葡萄园岛一样，是一个极佳的避暑胜地，许多美国名流都热衷于在这里度假并购买度假别墅。

有几百座古建筑

南塔克特岛一直保持着和平和僻静，甚至在维京海盗的鼎盛时期，维京人驾驶长船沿途劫掠时到达这里，也没有对这个"遥远之地"造成伤害，反而和当地的印第安人成了朋友。

文学名著《白鲸》中这样描述南塔克特岛："拿出你的地图看看这个岛，看看它是不是真正的天涯海角；它离海岸那么远，绝世独立，甚至比艾迪斯通灯塔还要孤单。"时至今日，它依然有惊人的美景和具有历史意义的国家级标志。

从麻省南部的鳕鱼角乘坐摆渡游轮，在海上航行1小时后，可抵达南塔克特岛。

南塔克特岛呈半月形，一条沙带保护着绵长的天然港，村庄安居在内陆，在140千米长的海岸线上，碧水、蓝天一望无际，绿树成荫，繁花似锦，其间点缀着大大小小的酒店和各种精品店，这里是许多新英格兰中产阶级家庭度假的首选之地。

除了自然风光和海岸美景外，岛上的历史文化氛围也深深地吸引着游客。

❖ 南塔克特海滩

❖ 岛上的豪华别墅
南塔克特岛的房价在马萨诸塞州乃至全美国都是最高的。

❖ 南塔克特岛海湾

后来，英国殖民者来到南塔克特，英国国王查理二世将马萨葡萄园岛和南塔克特岛送给了殖民商人托马斯·梅耶。

南塔克特岛上布满池塘、盐沼和草地，生存环境恶劣，于是托马斯·梅耶以 30 英镑和两顶獭皮帽的价格将南塔克特岛转手卖了出去，他和妻子一人分了一顶獭皮帽。

南塔克特岛经过科芬家族、斯温家族、派克家族的经营，在这里留下了 800 多座建于 1850 年之前的建筑，且汇集了世界各地的建筑风格于一体，如今，这座岛屿是全美国古建筑群最集中的地方。

曾经的世界级捕鲸中心

自 17 世纪中期以来，南塔克特岛因为港口优势成为捕鲸船的集散地，这里的港口最多时能容纳 150 艘船，是一个世界级的捕鲸中心，每天都有大量的捕鲸船只从南塔克特岛出航和归航，从此处交易的鲸油被运往世界各地，几乎点亮了整个欧洲的灯。美国著名海洋小说《白鲸》中的主人公以实玛利就是从这里登上捕鲸船"披谷德"号出海捕鲸的。

它建于 1806 年，是美国历史上至今存留下来的最古老的监狱之一。

❖ 南塔克特岛最古老的监狱之一

❖ 岛上古老的路灯

❖ 捕鲸博物馆
南塔克特捕鲸博物馆位于建于 1846 年的蜡烛厂内。

19 世纪中期后，随着石油工业的出现，燃油开始取代鲸油，南塔克特岛的经济开始衰退，捕鲸也成了历史。许多南塔克特人因此失去了谋生的手段，移居至加利福尼亚州。如今，人们只能从南塔克特捕鲸博物馆中了解当时捕鲸的场面。

❖ 罗斯福
美国总统富兰克林·罗斯福曾评价说："就像草原上使用的篷盖马车一样，捕鲸船永远是美国伟大的象征。"南塔克特岛一度成为美国的骄傲和其他捕鲸国家艳美的对象。在巅峰时，岛上供养着超过 5000 名专业的捕鲸水手，当时岛上部分定居者的年收入超过 2 万英镑。

❖ 南塔克特岛上的古老风车

巴哈马群岛

　　1513年，西班牙著名探险家胡安·庞塞·德莱昂为了寻找传说中的不老泉，率领船队沿加勒比海航行，他看到佛罗里达海峡口外的北大西洋上有一些被水浸的岛屿，于是将此地命名为"巴哈马（Bajamar）"，意为"浅滩"。

胡安·庞塞·德莱昂（1474—1521年）是首位西班牙波多黎各总督，任期为1509—1512年。他曾发现佛罗里达。

❖ **胡安·庞塞·德莱昂雕像**

　　巴哈马群岛是西印度群岛的3个群岛之一，它虽然被认为是加勒比海地区的海岛群，实际上，却并不在加勒比海内，而是位于佛罗里达海峡口外的北大西洋上，那里被认为是世界上最清澈的海域。

"巴哈马"不仅仅是浅滩

　　最早到达巴哈马群岛的是哥伦布，1492年，哥伦布登陆巴哈马群岛中的圣萨尔瓦多岛，之后，西班牙殖民者便开始了对周边岛屿的勘探和殖民。1513年，西班牙著名探险家胡安·庞塞·德莱昂在寻找不老泉时来到这里，以为这里只是一片浅滩，便给此地起名为巴哈马。多年后，西班牙殖民者再次登岛，发现"巴哈马"不仅仅是浅滩，而是一个风景如画的群岛，像一颗晶莹透亮的淡色蓝宝石镶嵌在整个加勒比海中。

在巴哈马首都拿骚的海边有一片粉色沙滩，它是由红珊瑚被海水冲刷成的粉末构成的。

❖ **粉色沙滩**

❖ 巴哈马国徽

巴哈马国徽启用于1971年12月7日，国徽上一艘正在海洋上乘风破浪的黄帆船，是为纪念1492年10月哥伦布首航美洲发现该岛的历史。蔚蓝的天空中，一轮金黄色朝阳，象征这个新生的国家如旭日初升。国徽上方饰有蓝、白两色花环的头盔，一只背衬绿色铁树的海螺，渲染了巴哈马的海岛风情。国徽左侧在万顷波涛之中有一条腾空而起的蓝色旗鱼，显示了巴哈马发达的捕鱼业；右侧的红鹳是巴哈马的国鸟。国徽基部是写有格言"迈步向前，共同进步"的黄色和蓝色饰带。

由于巴哈马群岛特殊的地形结构，导致这里的海岸的海水都非常浅，很多地方只有5~10米深的浅滩，这使巴哈马群岛海域的海水看起来格外的蓝，在阳光照射以及海底岩石、海藻、珊瑚礁等反射下，整个巴哈马群岛海域充满了各种各样的蓝色。

原住民因被殖民者贩卖而灭绝

西班牙殖民者登陆巴哈马群岛后，岛上的原住民阿拉瓦克人的噩梦便开始了，西班牙人将岛上的阿拉瓦克人掳往海地等地充当奴隶，导致群岛上的原住民灭绝，这里也成了荒岛。

❖ 拿骚灯塔

1670年，英格兰国王查理二世将巴哈马群岛授封给6名英国贵族，这6名贵族被称为这里的业主。他们将百慕大群岛上的英国殖民者迁到新普罗维登斯岛。于是，人们在这里建立起了堡垒和一个城镇。为了纪念查理二世，人们把那个城镇称为"查尔斯镇"。几年之后，这个城镇又改名为"拿骚"，以此来纪念英格兰王位继承人——奥兰治的威廉亲王。

❖ 巴哈马百样蓝的海

巴哈马群岛拥有如梦似幻的海底世界，多彩的热带鱼翩翩起舞，随处可见体型硕大的枪鱼、剑鱼和梭鱼成群而行，还有久远的沉船隐藏在澄澈的海底，被誉为全球最适合潜水的地方。

公元300—400年，巴哈马群岛就已经有人在此生存。他们是一支非阿拉瓦克印第安人，也许是从古巴移居过去的。卢卡伊印第安人随后来到了这里。这两个部族都没有留下成文的历史，但他们留下了一些绘画、陶器工具和骨头。

❖ 巴哈马群岛美景

猪岛是巴哈马群岛中的一座岛屿，渺无人烟，却有大量的猪聚居。传说这些猪是由曾经的加勒比海盗养的，以弥补粮食的不足，但由于后来他们被清剿，这群猪却活了下来，随着时间的积累，猪的数量与日俱增，如今整座岛屿都被猪占领，它们或幸福地在水中嬉戏，或一起在沙滩上午睡，享受日光浴，简直比人过得还要逍遥。

❖ 猪岛上的猪

1647 年，欧洲移民来到巴哈马群岛，开始在此垦荒。17 世纪末至 18 世纪初是加勒比海盗的黄金时期，巴哈马群岛成了海盗的大本营。1649 年，英属百慕大总督带领一批英国人占据了这里。1717 年，英国宣布巴哈马群岛为其殖民地。1783 年，英国、西班牙签订《凡尔赛和约》，正式确定巴哈马群岛为英属地。1973 年 7 月 10 日巴哈马独立，成为英联邦成员国。

避税天堂

巴哈马群岛地势低平，气候温和，松树遍地，风景秀丽，这里不仅是旅游者的天堂，还是一个国际金融中心。

巴哈马是"避税港"，巴哈马政府实行自由开放的金融政策和特别优惠的税收制度，外国银行可以比较自由地进行金融活动，不仅可以免交个人所得税、公司所得税、资本收益和利益收入扣税，还免交任何财产税，而且外国公司及其资产不受外汇管理条例的约束，对经营国际金融业务的银行免除外币存款准备金的要求。

由于巴哈马享有这种"有益的金融气候"，因而许多西方国家把它们在海外的银行业务纷纷转到巴哈马。

如今，巴哈马的国际金融机构有 500 多家，仅在首都拿骚就有近 400 家外资银行。它的国际放贷业务仅次于英国、美国、日本，居于世界第四位，被人们称为"加勒比海的苏黎世"。

❖ 海盗博物馆

海盗博物馆位于巴哈马首府拿骚，这里曾经只是一个非常破烂不堪的小镇，如今是巴哈马首府，它见证了加勒比海盗的黄金时期，这里有当时加勒比地区最强大的海盗集团，如历史上非常有名的海盗首领黑胡子等，一直到 1725 年，当地武装开始大规模清剿海盗，这里的海盗团伙才慢慢消失。

这是一张印有英国女王伊丽莎白二世照片的巴哈马元。

不同颜色的巴哈马元的意义也不同，黄色象征这个岛国美丽的沙滩，蓝色象征环绕岛国的海洋，黑色三角形象征巴哈马人民团结一致开发利用岛国的海陆资源。

❖ 巴哈马元

《拿骚卫报》2015 年 8 月 14 日报道，6 月 17 日，欧盟委员会发布一份"在欧盟实施公平和有效的企业税收行动计划"，该报告将巴哈马列为 30 个"不合作税务管辖区第三类国家"之一的避税港黑名单，并表示希望借此推动这些国家或地区变得更合作并引入国际标准。

大巴哈马岛是巴哈马群岛中的一座小岛，这里有一座奇妙的火湖，湖中有一种大量繁殖的"甲藻"作怪，它所含的荧光酵素溅出水面，便会产生氧化作用，从而出现五光十色的"火花"。

另有资料说是哥伦布第一次登上这块新大陆。当他站在岛上，环顾岛屿四周，看到浅浅的海水拍打着海岸，于是说了一句"巴扎马"（意为浅水或海）。巴哈马的名称便由此而来。

巴哈马群岛的比米尼岛海岸有一条没入水中约 5 米深的石路，路面平坦且开阔。有人猜测它是古代亚特兰蒂斯人建造的，因此它被称为"亚特兰蒂斯之路"。

乌鸦式战舰

罗马海军战胜迦太基的法宝

迦太基人善于海战，在扩张的过程中，将战火烧到了罗马共和国的本土，而罗马人善于陆战却不善于海战，为了能打败迦太基，罗马人在战舰船头安装了一个"乌鸦吊桥"，用以在作战中钩住对方舰船，进行接触战，从而发挥罗马陆军的威力。

古代的腓尼基并非指一个国家，而是整个地区。腓尼基从未形成过同一国家，城邦林立，以推罗、西顿、乌加里特等为代表。

地中海曾被戏称为"上帝遗忘在人间的洗脚盆"，可这个洗脚盆不仅不臭，还非常伟大，因为它不仅是欧洲文明的发祥地，更是古代诸多文明演绎的舞台。公元前3世纪，罗马共和国就曾在此与迦太基展开了生死较量。

迦太基将战火烧到了罗马共和国的本土

根据考古证据，迦太基是海上民族腓尼基在北非建立的城邦国家，约公元前9世纪建城，公元前8—前6世纪时，迦太基人一边向非洲内陆扩展，一边通过地中海向西班牙南部及撒丁岛、科西嘉岛及西西里岛等地殖民，并称霸了地中海西部，与当时的希腊分庭抗礼。不仅如此，迦太基人还开始横行于意大利西海岸，将战火烧到了罗马共和国的本土。

❖ 腓尼基人的符号

❖ 腓尼基人的航海壁画

罗马共和国拥有了自己的海军

罗马共和国从地中海沿岸逐渐发展，慢慢强大，面对海上强国迦太基的挑衅，为了获得更大的生存空间，只能硬着头皮和他们战斗，罗马人苦于没有像样的海军，对迦太基人没完没了的骚扰很是头疼，这样的状态如果持续下去，迦太基的海军迟早会将拥有庞大陆军的罗马共和国拖垮。所以，罗马元老院为发展海军而提供了专项资金。

公元前 260 年，罗马人决定集中力量建立一支强大的海军以扭转海上劣势。

罗马元老院专门从大希腊区和叙拉古招募希腊工匠，很快建立了自己的造船厂，又搜集了大量迦太基人废弃的战舰，然后通过拆解，学习研究，在短短 60 天内，就成功建造了 100 艘五桨座战船和 200 艘较小的三桨座战船，成立了罗马海军。

三桨座战船是古代地中海上常见的战船。战船每边有 3 排桨，一个人控制一支桨。荷马在《奥德赛》里描写的船只，几乎可以肯定就是他所生活的公元前 8 世纪希腊的船只，也就是古罗马和迦太基使用的船只，主要分为两种：20 桨的轻型船和 50 桨的战船。当时的船约 35 米长，速度可以达到 8~9 节。船上配有桅杆和四方帆，在风向合适时使用。桅杆插在龙骨上，海战前放倒，可能的话，桅杆、索具和帆等都会放到岸上，以减轻作战时的重量。

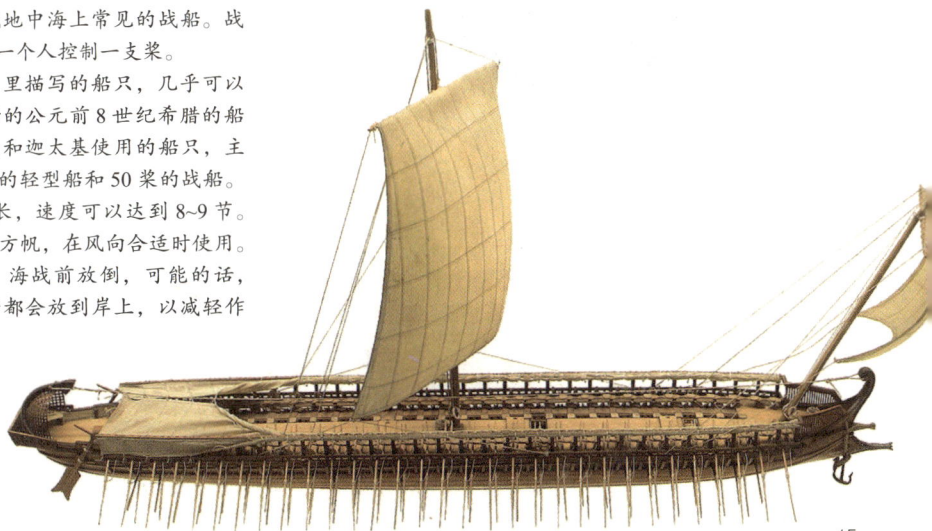

❖ 三桨座战船石刻画

❖ 罗马共和国海军及战舰情况，来自梵蒂冈博物馆的壁画

❖ 三桨座战船

65

罗马共和国与迦太基的海上首战

罗马人有了自己的海军，而且舰船体型巨大，数量上也占据优势，罗马执政官格奈乌斯·科尔涅利乌斯·西庇阿更是信心满满地率领 17 艘战船作为先头部队，驶向墨西拿海峡，胜利攻下了利帕里岛。

很快，迦太基海军派出 20 艘战船前去夺回利帕里岛，迦太基人在夜里封锁了海港的入海口，双方爆发了激烈的战斗，罗马战船虽然巨大，但是却没有迦太基战船灵活，加上罗马人并不善于海战，很快战败，包括西庇阿在内的大部分罗马士兵被俘。

"乌鸦式战舰"出现

罗马共和国在与迦太基的首次海上交战中失利，并暴露了罗马海军的弱点——不善海战。为了将陆军的优势放大，罗马人在所有战船的船首竖立了一根木杆，木杆上用滑轮和绳索固定了一个可以转向的吊桥，吊桥顶端安装有铁钩，用来钩住前方的敌船，一旦得手，罗马的陆军士兵就可以通过吊桥冲上敌船展开肉搏战，充分发挥罗马陆军的威力。因为这种吊桥顶端的铁钩形状酷似乌鸦嘴，因此被称为"乌鸦吊桥"，而这种战舰则称为"乌鸦式战舰"。

据古希腊历史学家的记载，早期海战主要用的战略是"碰碰车"，航速可能超过 7 节（即每小时 7 海里，约为每小时 13 千米）。使用这个速度可以给予敌船以巨大的冲撞力，如撞击敌方舰只的侧翼，可以非常有效地杀伤敌方的战舰，从而获得海战的胜利。

❖ 古钱币上的乌鸦式战舰

❖ 乌鸦式战舰上的乌鸦吊桥

"乌鸦式战舰"发挥了威力

公元前260年，罗马执政官 G. 杜伊利乌斯率领的罗马舰队与迦太基舰队（130艘战船）在米拉海角附近遭遇，迦太基人仗着战船航速快、机动性好、人员训练有素，采用撞击战术。罗马人则在杜伊利乌斯的指挥下，沉着地靠近敌船，然后立即放下接舷吊桥，钩住敌船甲板，罗马士兵迅速冲上敌船与敌人格斗。

迦太基人的战船被罗马战船上的"乌鸦吊桥"死死咬住，无法脱身，船上的海军士兵随即遭到不断涌入的罗马士兵强攻。毫无思想准备的迦太基舰队被罗马舰队的新式武器打败，有近50艘战舰被摧毁和缴获，超过万人死伤及被俘，残余士兵只得仓皇逃跑。此后，罗马便依靠"乌鸦式战舰"不断打击迦太基海军，蚕食迦太基的领地，渐渐地掌控了地中海。

罗马军队善于将陆军优势运用到海战中，在屋大维战胜安东尼的阿克提姆海战中，屋大维的海军舰队通过一种叫"钳子"的新武器把安东尼舰队打得措手不及。"钳子"是一块数米长的木块，外包铁皮，一头有铁钩，另一头拖有绳索，它是在"乌鸦"的基础上发展而来的，其实就是加长版的"乌鸦"。"钳子"利用弩炮抛射出去，增加了攻击距离，能轻而易举地钩住远距离的敌舰，拖过来打接舷战。

❖罗马海军的"乌鸦式战舰"紧紧咬住了迦太基战舰

螺旋桨

螺旋桨是几乎所有船只的推进装置，其实它并非螺旋状，而是由旋转轴上几个叶片组成的，然而它的发明经过却一波三折。由于其早期发明者受到阿基米德发明的螺旋扬水器的启发，螺旋桨也因此而得名。

英国人瓦特改良了蒸汽机，人们第一次尝到了用机器干活的甜头，随后是轰轰烈烈的第一次工业革命。自美国人富尔顿·罗伯特发明了"克莱蒙特"号之后，依靠蒸汽机作为动力带动明轮划水推动船只前进的方式，直接取代了主要靠风帆和摇橹作为动力的方式。

❖ **螺旋桨**

螺旋桨在生活中很常见，在飞机、轮船，甚至是家里的电扇中都是重要的部件。然而，这看似简单的机械部件，其发明过程却几经曲折。

明轮缺点显而易见

自 1807 年"克莱蒙特"号试航成功后，很快以明轮作为推进方式的商船、战船成为主流船只，但是因明轮结构复杂，而且受风浪的影响大，在实际使用过程中，使用明轮的船只的前进速度确实比使用风帆和摇橹的船只快很多，但是以蒸汽机带动明轮推动轮船前进的方式，其效率很低，前进速度明显没有达到最

❖ 以明轮推进的船只　　　　　　　　❖ 明轮

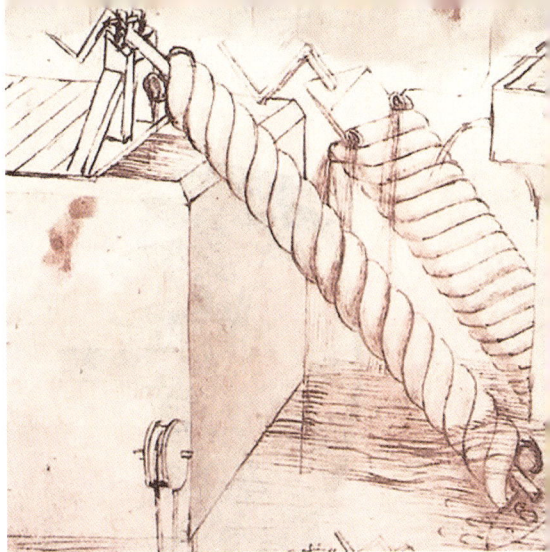

佳。据资料显示，当时满船燃料航行不到 100 海里就耗尽了，远洋航行的船只需要更大的燃油舱携带更多的燃料，这对远洋船来说极其不方便；即便是短途航行的船只，也因燃油消耗量大而导致运营成本非常高。

因此，明轮的缺点显而易见，科学家们纷纷考虑要改进轮船的推进方式，于是想到了阿基米德发明的螺旋扬水器。

螺旋扬水器

❖ 螺旋抽水机——《达·芬奇手稿之大西洋手稿》
1519 年达·芬奇去世后，其部分手稿被保存下来，其中《达·芬奇手稿之大西洋手稿》中就有类似阿基米德发明的螺旋扬水器的图片。

阿基米德是古希腊的数学家和物理学家，有"力学之父"的美称，与高斯、牛顿并列为世界三大数学家。

阿基米德曾经为了解决用尼罗河水灌溉土地的难题，发明了一个圆筒状的螺旋扬水器，后人称它为"阿基米德螺旋"。阿基米德螺旋是一个装在木制圆筒里的巨大螺旋状物，把它倾斜放置，下端浸入水中，随着圆柱体的旋转，水便沿螺旋管被提升上来，从上端流出。这样，就可以把水从一个水平面提升到另一个水平面，对田地进行灌溉。阿基米德螺旋扬水器至今仍在埃及等地使用。

科学家们认为，根据反作用力原理，螺旋扬水器能将水从低位输送到高处，也一定能成为船只的推进方式，因此各国科学家纷纷开始研究螺旋桨。

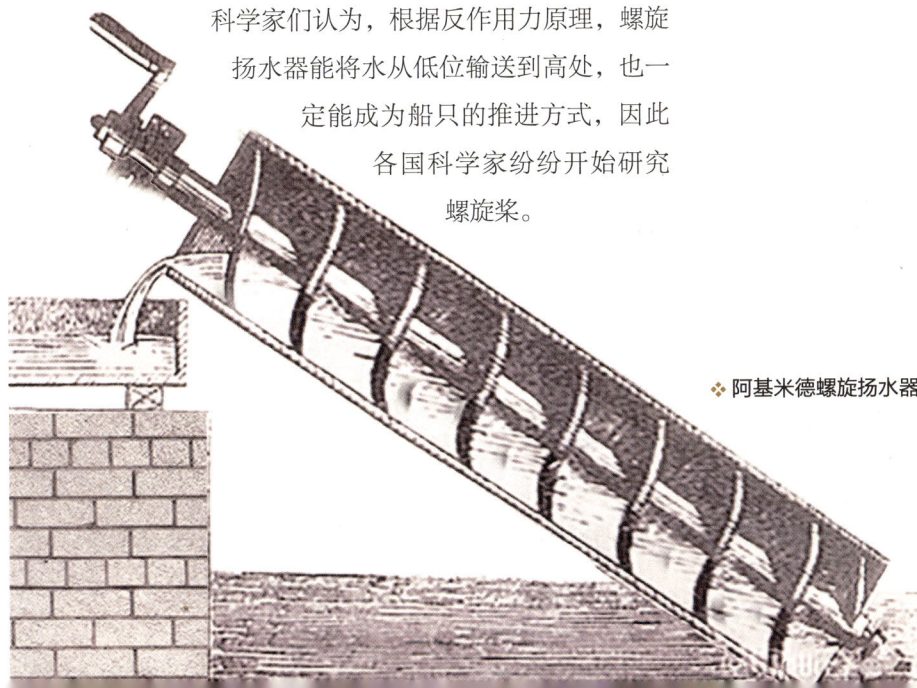

❖ 阿基米德螺旋扬水器

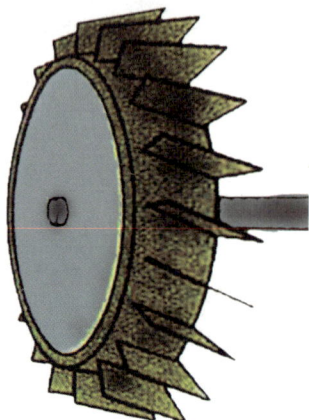

❖ 瑞典工程师埃里克森于 1835 年设计的螺旋桨

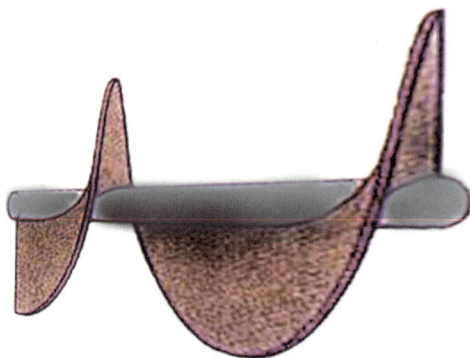

❖ 史密斯于 1835 年设计的螺旋桨

早期的螺旋桨研究者，包括史密斯认为螺旋杆的圈圈越多，效率会更高，但是试验结果却并不理想。

❖ 史密斯改进后的双叶螺旋桨

❖ 1860 年出现的三叶螺旋桨

在最早的螺旋桨出现后近 30 年才出现了三叶螺旋桨。

史密斯最早取得了成就

许多研究螺旋桨的人都声明自己发明了螺旋桨，但是被公认的仅有英国工程师史密斯和瑞典工程师埃里克森。

1836 年，史密斯用木材制造出与阿基米德螺旋扬水器类似的螺旋桨，并将其安装在一艘 6 吨重的小汽船上，但是效果很差，这种螺旋桨的推进速度还不如明轮的推进速度。史密斯有点儿气馁，但是他依旧没有放弃，继续改进，直到 1837 年 2 月，在一次试航时，突然螺旋桨撞到了水下的硬物后折断了，没想到仅剩很短的螺旋桨残部却使船只的航行速度变得很快。

史密斯大受启发，他立刻把长螺杆改成了短螺杆，之后又经过几次改进，将螺杆改成了叶片，成了如今螺旋桨的样子。

第一艘螺旋桨推进力的船只

史密斯发明的螺旋桨试验成功后不久，1839 年，世界上第一艘以螺旋桨为推动力的船建造完成，整个船身为木质，船长 38 米，宽 6.7 米，排水量 237 吨，安装有两台 30 马力的蒸汽机，最大航速约 9 节，造价 1 万英镑，被命名为"螺旋桨"号，后来为了商业运营，又将其改名为"阿基米德"号，成为当时英国伦敦、朴次茅斯、布里斯托之间唯一运营的商业船只。"阿基米德"号冒着黑烟，一溜烟地穿行在众多帆船和明轮船只之间，成为当时航行速度最快、效率最高的船只。

螺旋桨虽好，但是未能完全取代明轮

随着史密斯发明的螺旋桨的成功，螺旋桨也逐渐进入实用领域，被很多民船船主和船商认可。1843 年，瑞典工程师埃里克森在美国海军的支持下，建造成世界上第一艘以螺旋桨推进的军舰——"普林斯顿"号，同年，英国海军也以螺旋桨代替明轮改进了"雷特勒"号军舰。这些改装后的军舰与明轮的明显区别是大部分蒸汽机和

❖ 螺旋桨

❖ "泰坦尼克"号上的螺旋桨

推动装置都安装在吃水线之下，而且没有了明轮，甲板上多出了许多空间，可以安装更多的火炮。从此，以螺旋桨推进的军舰成为各国海军的装备之一。

但是，当时也有很多人认为以螺旋桨推进的船只虽然有很多好处，不过安装它需要在船身上打洞，这使船只有漏水的危险，因此，螺旋桨不管是在民用还是军用领域都未能完全取代明轮。

明轮战舰表现不如螺旋桨战舰

在螺旋桨被发明很多年后，明轮依旧是很多船只的首选。直到 1853 — 1856 年克里米亚战争爆发，俄国与英国、法国为了争夺小亚细亚地区，在黑海沿岸的克里米亚半岛发生了大规模的海战。

参战国都纷纷将当时最先进的、以明轮推进的战舰和以螺旋桨推进的战舰投入海战之中，然而，在整个海战过程中，以明轮推进的战舰上的醒目的明轮，成为敌方重点打击的目标；而以螺旋桨推进的战舰，不仅动力更隐蔽，不容易被敌人击中，而且拥有更多的火力配置。在整个克里米亚战争期间，以明轮推进的战舰在海战中的表现远不如以螺旋桨推进的战舰。

克里米亚战争后，螺旋桨迅速取代了明轮，成为几乎所有商用船只和军舰的推进装置，螺旋桨成为人类最伟大的发明之一。

❖ 关刀桨（四叶桨）

四叶桨是我国工程师于 1973 年首先发明的，因为桨叶像关羽用的青龙刀，所以被叫作"关刀桨"。

以明轮推进的船只被称为轮船，自克里米亚战争后，明轮因落后而被淘汰，不过轮船这个名字却被保留了下来，成为人们对船只的称呼。

"俾斯麦"号战列舰是德国在第二次世界大战前建造并以德国首相俾斯麦的名字命名的一艘王牌战列舰，它的螺旋桨是三叶的。

❖ "俾斯麦"号战列舰

郑和宝船

郑和宝船是指明朝郑和下西洋期间的船只，主要用于船队的指挥人员、使团人员及外国使节乘坐，同时也用来装运明朝皇帝赏赐给西洋各国的礼品、物品和西洋各国进贡给明朝皇帝的贡品、珍品等，因此被称为"宝船"，意为"运宝之船"。

永乐三年（1405年）7月11日，我国明代著名航海家郑和奉明成祖朱棣之命，率领一支庞大的船队出使西洋，而郑和乘坐的宝船可不一般。

郑和下西洋的旗舰

明万历二十五年（1597年），罗懋登的小说《三宝太监西洋记通俗演义》中将郑和船队中的船只按照用途分为宝船、粮船、水船、马船、坐船与战船等。20世纪30年代考古发现的郑和残碑中描述，将郑和船队中的船只分为宝船、2000料船、1500料船、8橹船等几种。不管如何描述，郑和这支庞大的船队，其中最大的海船被称为宝船，也称为郑和宝船、大宝船，它是郑和船队中的主体，也

❖ 郑和宝船复原模型

南京的宝船厂遗址景区东临漓江路、西靠滨江大道、北为金浦、南邻银城，这里曾经是郑和宝船的制造厂，在如今的宝船厂遗址中还能看到600年前的船坞遗址。

❖ 郑和

郑和（1371—1433年），明朝太监，原姓马，名和，小名三宝，又作三保，云南昆阳（今晋宁昆阳街道）宝山乡知代村人。我国明朝航海家、外交家。1405—1433年，郑和七下西洋，完成了人类历史上伟大的壮举，宣德八年（1433年）四月，郑和在印度西海岸的古里国去世，赐葬南京牛首山。

❖ 郑和宝船

❖ 宝船厂遗址出土的舵杆

是郑和率领的海上特混船队的旗舰，它在郑和船队中的地位相当于现代海军中的旗舰、主力舰。

巨无霸

据《明史·郑和传》记载："造大舶修四十四丈、广十八丈者六十二。"明代人编写的《国榷》中称"宝船六十二艘，大者长四十四丈，阔一十八丈"。此外，《瀛涯胜览》《国榷》《西洋记》等历史书籍中对郑和宝船均有记载，郑和宝船一共有62艘，其中最大的长度超过了100米，排水量超过万吨，这个船身比同时期欧洲的任何船只都要大，而且要大很多。有数据显示，在郑和下西洋87年后，著名航海家哥伦布发现新大陆时的船队仅有3艘船，其中最大的"圣玛丽亚"号的排水量只有100吨，其吨位只有郑和宝船的1/100。因此，郑和宝船是当时世界上最大的木质帆船，也是当时海上无可争议的巨无霸。

汉白玉浮雕显示的是郑和出使时，所经国家的国王出来迎接郑和的盛大欢迎仪式的场景。
❖ 郑和下西洋浮雕

远比同时期欧洲船只先进

如此庞大的郑和宝船显示了明代惊世骇俗的造船水平。据记载，郑和宝船上的锚就有几千斤重，要动用二三百人才能启航。

据《明史·郑和传》记载，郑和宝船有4层，船上有9根桅，可挂12张帆，与当时欧洲的分段软帆不同，郑和宝船使用了硬帆结构，帆篷面带有撑条，更适应海上的风云突变。木帆船在海上的行动主要依靠风帆借助风力以及水手划水，郑和宝船与欧洲船只不同，它不仅有船桨，还在两舷和艉部设有长橹，橹在水下半旋转的动作类似今天的螺旋桨，不仅推进效率较高，而且能适应狭窄港湾以及各种水域航行。

郑和宝船是郑和下西洋船队中最大的海船，也是中国航海史和世界航海史上最大的木质帆船。自1405—1433年，漫长的28年间，郑和船队到达亚洲、非洲30余国，涉10万余里，与各国建立了政治、经济、文化方面的联系，完成了七下西洋的伟大历史壮举，郑和宝船当记首功。

❖ **宝船厂遗址景区内的水罗盘**

水罗盘用灯芯草穿插磁针放置在盘中央，由四维、八干、十二地支组成。郑和船队在海上航行主要依靠水罗盘来测定航向、方位。实际上，在郑和下西洋时期，船只早就开始使用指南针式的罗盘。

❖ **指南针式的罗盘**

郑和宝船上大量配置了类似这种指南针式的罗盘。

"海上君王"号

在铁甲船之前的木质帆船时代，海战中出现了"战列线战术"，交战方的舰船排成战列线对敌，而参与"战列线战术"的舰船则被称为"战列线战斗舰"。其中，最早有记载的战列线战斗舰是英国的"海上君王"号，它是当时最大的战舰，因而也被称为"海上君王"。

❖"海上君王"号

它是英国第一艘拥有 3 层完整火炮甲板的军舰，也是第一艘载有 100 门以上大炮的军舰，同时还是当时造价最高的军舰。

"战列舰"一词的英文原文为"Battleship"，直译为"战斗舰"。这个名字来自帆船时代的"战列线战舰"。

"海上君王"号的主设计师菲尼亚斯·佩特原本认为该型舰只需装备 90 门火炮，但查理一世强烈要求增加到 104 门（共重 165 吨），使之成为当时最大的三甲板纯风帆战舰。

❖"海上君王"号上的火炮

在铁甲船出现之前，各国的主力战舰都是木质帆船，火炮的威力相对弱小，在海上交战时，双方战舰靠炮火互殴，因此船只的大小直接关系到战争的结果。

查理一世下令建造

16 世纪中期，由于英国女王伊丽莎白一世的庇佑，英国海盗遍布整个海洋，让其他海洋殖民国家头疼。在西班牙与英国交恶后，从美洲返回欧洲的西班牙运宝船更是屡遭英国海盗的劫掠，两国在海上交战不断，这种状态一直延续到英国国王查理一世时期。

为了建立在海战中的优势，1636 年1 月，查理一世拨巨款，在伍尔维奇造船厂建造"海上君王"号，并于 1637 年 10月建成。

当时最大的战舰

"海上君王"号是当时最大的战舰，船身总长 51 米，宽 14.7 米，重 1683 吨，拥有 3 层统长甲板；船上搭载了 104 门火炮，分别在低甲板及主甲板上安装了 30 门，在上甲板上安装了 26 门，艉楼上安装 12 门，半甲板上有 14 门，其余火炮均匀分布在船首、船舷和船尾，这些火炮中最大的炮弹净重 60 磅，如果所有火炮一起射击，其炮弹总重可达 1 吨。此外，"海上君王"号可载乘作战水兵上千人，是木质帆船时代作战能力最强的战舰，因此被查理一世起名为"海上君王"号。这其中还有一个更重要的原因，查理一世希望这艘船能够彰显英王皇冠上的荣耀。

压倒查理一世的最后一根稻草

"海上君王"号建成后便成为英国海军的王牌战舰，其造价高达 65 586 英镑，这个成本在当时可以建造 10 艘以上的普通战舰，如果算上船上的火炮配置以及各种装饰，费用更是惊人，这也直接造成了查理一世的财政危机。因此，为了筹集海军建设费，查理一世设置了一项特别的税款——船税，使国内更加动乱，内战频发，以至于在 1642 — 1648 年两次内战中先后被克伦威尔统率的"铁骑军"和"新模范军"打败，自己也被送上了断头台。

❖ 英国国王查理一世

查理一世是唯一一个被处死的英国国王，1649 年 1 月 30 日，在内战中被克伦威尔打败的查理一世在伦敦白厅前的广场上被处死。

"海上君王"号在同时期战舰中属于庞然大物，图中显示其他船只在它旁边显得非常渺小。

❖ "海上君王"号

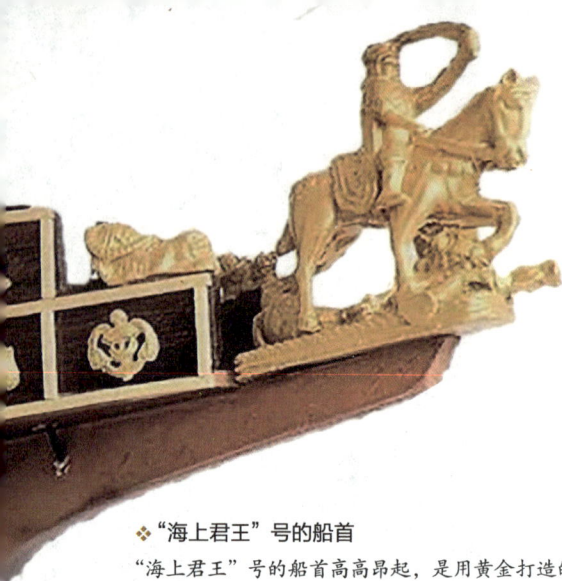

❖ "海上君王"号的船首

"海上君王"号的船首高高昂起，是用黄金打造的古老的英格兰国王埃德加骑着一匹英俊战马的雕塑。

"海上君王"号由英国最顶尖的造船师菲尼亚斯·佩特设计，由他的儿子彼得在伍尔维奇造船厂监督建造。

❖ 罗伯特·布莱克

罗伯特·布莱克（1599—1657 年），英国海军上将，英国内战和第一次英荷战争中的名将。他是克伦威尔的亲密战友，在英国内战中率领海军屡次打败保王党军队。

他在第一次英荷战争中表现优异，与乔治·蒙克一同击败了荷兰海军；革新了英国海军战术，打下了近代英国海军的稳固基石；为英国进行海外扩张和夺取海洋霸权做出了重要贡献。

金色魔鬼

1653 年，英国的克伦威尔建立军事独裁统治，自任"护国主"，英国军舰规模更是扩大了 3 倍，由原来的 40 艘主力舰扩大到了 120 艘，"海上君王"号依旧是主力舰之一，并且成为英国海军舰队司令、海军上将罗伯特·布莱克的旗舰，先后参加了对抗荷兰海军和法国海军的众多海战，如肯梯斯诺克海战、波特兰海战、奥福德岬海战、索尔湾海战、思洪菲尔德海战、特塞尔海战、比奇角海战和巴尔夫勒海战等，"海上君王"号在这些海战中战绩赫赫，以至于荷兰人称它为"金色魔鬼"。

战列线战舰缘起

在波特兰海战中，英国海军上将罗伯特·布莱克乘坐旗舰"海上君王"号，面对拥有单舰优势的荷兰舰队的围追堵截时，布莱克指挥麾下舰船排成纵队，形成攻防灵活的"战列线"对敌，依靠舰队队形优势，将荷兰舰队的单舰优势彻底瓦解。这是海战史上首次使用"战列线战术"，而这些参与"战列线战术"的战舰被称为"战列线战舰"，这便是战列舰的起源，而"海上君王"号则是"战列线战舰"中最有名的一艘。

此后，罗伯特·布莱克发明的"战列线战术"主导了海战 300 年，直到铁甲船以及威力更大的火炮的出现，"战列线战术"才逐渐淡出海战。

意外被大火焚毁

　　"海上君王"号一共服役了 60 余年，是英国皇家海军最优秀的舰船之一，期间经过改建升级并重新命名为"皇家君主"号，退役后的"皇家君主"号停靠在查塔姆海军造船厂，1697 年 1 月 27 日，一次意外的大火将其几乎焚毁殆尽。

　　鉴于"海上君王"号服役期间的荣誉，按照英国皇家海军的传统——"要让这个名字一直漂浮在海洋之上"，后来，又有多艘英国战舰被命名为"皇家君主"号。

"海上君王"号带来的战列舰热潮

　　"海上君王"号虽然被大火焚毁，但是真正意义上的铁甲战列舰却不断被各国建造并投入海战中，成为 1860 年至第二次世界大战中海军的主力军舰舰种之一。

　　1849 年，法国建造了世界上第一艘以蒸汽机为主动力装置的战列舰"拿破仑"号，标志着蒸汽战列舰时代的到来，但是依旧使用风帆作为辅助动力。1861 年，英国建造的第一艘铁壳装甲战列舰"勇士"号也挂有辅助的风帆。1906 年，英国建造的"无畏"号战列舰横空出世，它是当时世界上最大、火力最强的战舰，此舰的问世开创了海军学术史上巨舰大炮的新时代。"无畏"号也成为各国效仿造舰的对象，在 20 世纪 30 年代以前，战列舰的多少成为衡量一个国家海军实力强弱的标准之一。直到第二次世界大战后，战列舰在海战中的地位才逐渐被航空母舰取代。

❖ **交战双方的"战列线战术"**
在风帆时代，交战双方将各自的战船排成纵列，然后用炮火对轰，这便是"战列线战术"。这种战术在早期风帆时代能非常有效地打击对手，因而很快被各国使用，而最早使用"战列线战术"的就是"海上君王"号。

勒班陀海战成为桨帆船的绝唱，而"战列线战术"出现于英荷海战中，1653 年，英国海军发布第一部正式的战斗条令，正式采用"战列线战术"，而这种战术的主要支持者却可能来自陆军，因为当时克伦威尔的陆军人员主宰了英国海军上层。

❖ **"拿破仑"号战列舰**

法国是世界上第一个建造蒸汽战舰的国家。1849 年建成的"拿破仑"号战列舰，装备 100 门舷炮，排水量 5000 吨，它不但是世界上第一艘蒸汽动力的军舰，而且使用螺旋桨推进。不过，它还是一艘木壳船并保留了风帆。

"无畏"号是英国皇家海军中的著名装甲战列舰。1905 年在朴次茅斯动工建造，次年完成，创造了战列舰建造周期最短的纪录。"无畏"号是以大口径主炮为主要武器的装甲战列舰，其首舰命名为"无畏"号。此后，同型舰只均列入"无畏"级。1914 年该舰编入大舰队，参加第一次世界大战。由于航速较慢，1916 年日德兰海战前退出大舰队。

❖ **"无畏"号战列舰**

白头鱼雷

世 界 上 最 早 的 鱼 雷

白头鱼雷是人类历史上第一枚真正的鱼雷，因它能像鱼一样在水里游，还能命中目标，故称为"鱼雷"，又根据研制者罗伯特·怀特黑德的名字（Whitehead 意译为"白头"），将这款鱼雷命名为"白头鱼雷"。

虽然在 18 世纪时就已经出现了鱼雷，但那只是水雷的一种称呼，人类历史上第一枚真正的鱼雷是"白头鱼雷"，它是由英国工程师罗伯特·怀特黑德研制而成的。白头鱼雷是一种能在水中发挥威力的武器，可从舰艇和飞机上发射，入水后自己控制航行方向和深度，一旦接触目标就会爆炸，非常具有杀伤力。

❖ **早期的鱼雷**

早期的鱼雷只是带控制系统的直航雷。这种鱼雷需要在发射前设置预定的航程，一旦发射便不能再次控制其上浮或下潜。这个时期的鱼雷的动力来源主要是蒸汽瓦斯或铅酸蓄电池，只能打击近距离目标，难以进行远程攻击。

据统计，第一次世界大战中，各国军舰被鱼雷击沉 162 艘。第二次世界大战中，各国军舰被鱼雷击沉 369 艘。

怀特黑德

1823 年，罗伯特·怀特黑德出生于英国博尔顿，他的父母经营着棉花加工漂白生意，他自幼就对家族工厂中的机器设备产生了浓厚的兴趣，14 岁时就主动跟随机械师傅，游历世界各地推销纺织机械，之后又以优异的成绩考入英国曼彻斯特机械学院，1840 年毕业后便去往法国土伦船厂工作，随后在意大利米兰担任工程顾问，期间获得众多机械设计等方面的专利。

❖ **罗伯特·怀特黑德**

"白头鱼雷"诞生后，罗伯特·怀特黑德也被世人奉为"现代鱼雷之父"。1905 年 11 月 14 日，罗伯特·怀特黑德病死于英国，他的墓志铭上写着：他的名字因鱼雷而被全世界知晓。

❖ 早期的鱼雷

早期的鱼雷主要由水面舰体携带发射，入水后按预先设定的航深和航向做直线航行，在有效射程内攻击水面舰船及其他水中目标，命中率取决于测定目标运动参数的准确度、鱼雷深度和航向控制的精确度。

白头鱼雷采用静水压阀门和惯性摆锤共同操纵横舵，即利用静水压设定鱼雷的航行深度，用惯性摆锤减少鱼雷在定深线附近的波动。

❖ 小艇船首即是撑杆雷

早期，海军战舰和特制的鱼雷艇普遍都装备一个至数个鱼雷发射管，但两者的发射方式略有不同。

❖ 鱼雷艇

成为奥匈帝国海军的合作伙伴

1848 年，欧洲掀起了反对君主政体的革命，革命运动首先在西西里岛掀起，然后迅速蔓延到意大利其他地方，为了躲避动乱，罗伯特·怀特黑德不得不离开意大利，来到奥地利帝国的里雅斯特的阜姆，他依靠自己掌握的机械技术，创办了一家钢铁厂，取名为逢德里亚钢铁厂，这就是白头鱼雷制造公司的前身。

随着欧洲反对君主政体革命的推进，德意志、法国以及奥地利帝国都没能逃过，罗伯特·怀特黑德的钢铁厂再次处于动乱之中，1856 年，由于他不想再逃避战乱，于是将工厂更名为阜姆士他俾劳勉图厂，专门研发生产舰船蒸汽机和发动机，很快，工厂的产品成为当时最先进的产品，获得了大量的订单，随即成为奥匈帝国海军的合作伙伴。

鱼雷的前身是撑杆雷

鱼雷的前身是诞生于 19 世纪初的撑杆雷，它通过一根长杆固定在小艇舰首（这种小艇被称为杆雷艇），海战时小艇

冲向敌舰，用撑杆雷撞击敌舰后引发爆炸。这种撑杆雷的威力很大，但是在炸毁目标的时候，往往会很容易误伤到自己的小艇，甚至在小艇冲向敌舰的过程中会因被对方发现而炸毁。

为了能更有效地使用撑杆雷，各国海军都做了各种技术改进，但是效果并不大，直到1864年，罗伯特·怀特黑德的好友、奥匈帝国海军的卢庇乌斯舰长把压缩空气发动机（历史上称为冷动力发动机）装在

❖ 老照片："白头鱼雷"

几乎与怀特黑德同步，俄国发明家亚历山德罗夫斯基也研制出类似的鱼雷装置，俄土战争时期——1878年1月13日，俄国舰艇向60米外的土耳其的"因蒂巴赫"号通信船发射鱼雷，将其击沉。这是海战史上第一次用鱼雷击沉敌方舰船。

❖ 俄国海军与鱼雷合影

❖ 清朝北洋水师购买的鱼雷

1880 年，北洋水师正式从德国购买了两艘使用白头鱼雷的鱼雷艇"乾一""乾二"。此时距离罗伯特·怀特黑德批量生产鱼雷仅仅晚 8 年。

鱼雷问世后，很快便成为欧美各国海军的新宠，同时改变了世界海军的作战方式，作战重心由水面转移到水下。英国大舰队司令 1906 年说，如果没有鱼雷，潜艇只不过是一个有趣的玩具。

1895 年，怀特黑德对"白头鱼雷"进行首次重要改进，采用奥地利人路德维格·奥布赖发明的方位角控制鱼雷陀螺仪技术；1898 年怀特黑德又引进当时的最新技术，增强了"白头鱼雷"攻击方向的稳定性。1899 年，奥匈帝国海军士官路德维格·奥布赖将陀螺仪安装在鱼雷上，实现了对鱼雷方向的精密控制；1904 年，美国海军改进了鱼雷发动机，使鱼雷的航速提高至约 65 千米/小时，航程达 2740 米，就这样，鱼雷制造技术日趋成熟，以至于如今依旧是各国海军的重要武器。

撑杆雷上，利用发动机带动螺旋桨使雷体在水中穿行，攻击敌舰。但由于这种撑杆雷的速度低、行程短、控制不灵，卢庇乌斯的发明并未能投入使用，但是他的这种设计思路启发了罗伯特·怀特黑德。

不被奥匈帝国海军认可

1866 年，罗伯特·怀特黑德在卢庇乌斯设计的撑杆雷的基础上，通过液压阀操纵鱼雷尾部的水平舵板，成功地实现了对航行深度的控制，时速也达到了 11 千米，射程达 180 ~ 640 米，而且炸药在水下的爆炸威力比在水面大得多。这便是罗伯特·怀特黑德制造出的人类历史上第一枚真正的鱼雷，取名为白头鱼雷。

罗伯特·怀特黑德为了研制白头鱼雷，动用了大量的资金，原本以为白头鱼雷能被奥匈帝国海军认可，但是事与愿违，奥匈帝国海军并没有大量订购白头鱼雷，这导致罗伯特·怀特黑德的阜姆士他俾劳勉图厂入不敷出，不得不在 1873 年正式宣告破产。

白头鱼雷被英国人看好

罗伯特·怀特黑德手握白头鱼雷技术，但没有获得奥匈帝国海军的认可，于是他携带两枚鱼雷前往英国，很快就获得了英国人的认可，并于1871年与英国签订在英国制造白头鱼雷的协议，英国鱼雷也以此为原型开始发展。

罗伯特·怀特黑德并不甘心白头鱼雷仅被英国使用开发，因此1875年，他在破产的阜姆士他俾劳勉图厂原址上重新建了一座工厂，取名为白头鱼雷制造公司。不过，白头鱼雷制造公司很快就被英国的威格士有限公司和阿姆斯特朗—怀特沃斯公司收购，1878年后开始批量生产白头鱼雷。

后来，罗伯特·怀特黑德将鱼雷发明专利权出售给其他国家的海军。从此，白头鱼雷成为各国鱼雷发展公认的母型。随着鱼雷技术的不断改进，一时间成了大杀器，在各种海战中发挥着不同的作用。

在1891年的智利内战时，智利海军的"林其海军上将"号鱼雷艇发射了一枚360毫米口径的白头鱼雷，击中100码处叛军的"布兰克·英卡拉达"号军舰左舷，致其沉没，为智利海军平叛做出了重要贡献。

如今的鱼雷功能已经非常强大，它们能在水下自航、制导，攻击水面或水下的目标。此外，鱼雷的使用范围广，能自动搜索攻击目标，具有隐蔽性好、抗干扰能力强、命中率高、爆炸威力大等特点，是海军主要的攻击武器之一。

怀特黑德制造的白头鱼雷投放市场后，引起了世界瞩目，各国海军竞相采用。当时我国的清政府也对此非常感兴趣，光绪五年（1879年）九月，清政府派徐建寅等前往英国、法国、德国考察了多家船厂，最后向德国订造了两艘可发射"白头鱼雷"的鱼雷艇，这也是中国最早的鱼雷艇。

❖ 清政府向德国定购的鱼雷艇

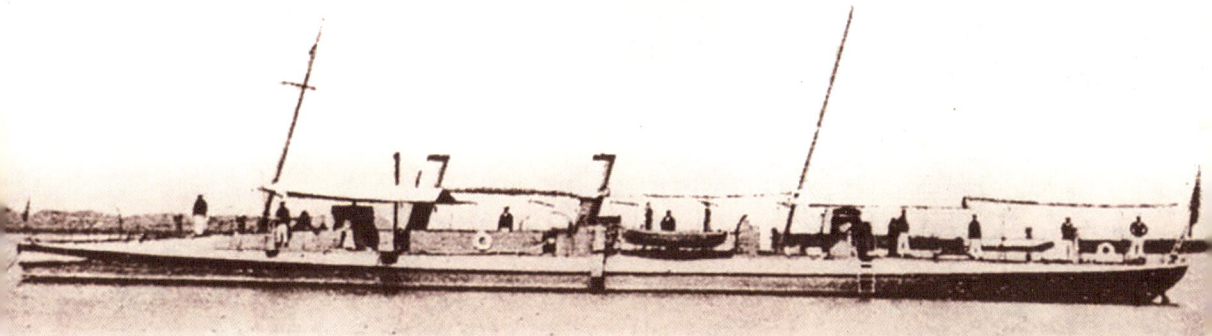

1944年11月28日，日本建造的当时世界最大的航母"信浓"号，居然在服役刚几天的处女航中就被美军4枚鱼雷炸沉了。

❖ 在首航中即被鱼雷炸沉的"信浓"号

锚

锚的外形构造很简单，但是作用却很大，明代著名科学家宋应星著的《天工开物·锤锻·锚》中这样描述锚的用途："凡舟行遇风难泊，则全身系命于锚。"锚一般为铁质或钢质，是各种商船、民船以及军舰中必不可少的一种装置，被各国海员称为"海员的守护神"，它的历史非常悠久。

世界上很多国家的航海部门将"锚"作为标志，另外，海军、海员、水手们也都喜欢用它作为装饰，如动画片《大力水手》的主角波比的手臂上就有锚的文身。锚伴随着船只技术的发展而进步，由最初的石锚变成如今的铁锚，已经历了几千年的发展。

锚的祖先

大约在公元前3000年，我国的先民和古埃及人已经学会了制造简易的小船（那时的小船顶多算是竹木筏）航行于大海之上。古人为了克服触礁和风暴，在船上安

❖《天工开物·锤锻·锚》
《天工开物·锤锻·锚》中描述锚重达千钧，是古代铁匠能做的最大物件。

这是2013年4月在临近红海、苏伊士城以南119千米处发现的锚。
❖ 石锚（石坠儿）

❖ 海边的锚雕塑

❖ 美国海军军徽中的锚

❖ "库尔贝"号护卫舰舰徽上的锚

❖ 带锚徽的水手帽

装了"锚",它是一块中间凿了孔的石头,然后用缆绳将它系住,每当遇到礁石或者风暴,古人就会把"锚"抛入水中或扔到岸上,迫使船只紧急停下来,避免风暴和触礁的危险,而这种被当作"锚"的石头,我国古时称为"石坠儿",这或许就是如今铁锚的祖先了。

石锚的各种使用方式

我国和西方沿海各国使用石锚的年代延续了很久,一直到铁锚出现后还有很多船只会使用石锚,这期间石锚也不断被改进,从早期简单的石块,变成刻意雕琢成的各种形状,如今已经消失的海洋民族腓尼基人,他们在石锚上凿出很多洞,然后将木棍纵横交错地插在石锚

古人出海时会将石质的圆柱体或正三角形的锚搁置在船头。

自 1973 年以来,在美国加利福尼亚州海岸的浅海地区先后发现了 11 块包括圆柱形、正三角形、中间有空的圆形等形状的石块,经过科学家测试,发现这是来自有 2000~3000 年历史的殷商时期的石锚,这佐证了中国人的祖先早在殷商时期就已经到达了美洲大陆。

❖《大力水手》中的主角波比
《大力水手》中的主角波比的手臂上有醒目的锚的文身。

❖ 锚
锚的整体设备一般包括锚、锚机、锚链、制链器、锚链舱、弃链器,以及各种缆绳、导缆装置、系缆装置、绞缆机械等系泊设备。

❖ 木锚（中国国家海洋博物馆内的藏品）

腓尼基人曾使用沉重的锡包裹松木制作锚。无独有偶，我国宋元时期开始使用木石相结合的锚，而元末明初后发展为木锚，明代中期以后基本改用木锚、铁锚共存，近代特别是民国中后期完全启用铁锚，民间渔船等少量沿用木锚。

❖ 四爪铁锚

这种锚在我国历经上千年，很多民船如今依然使用它。

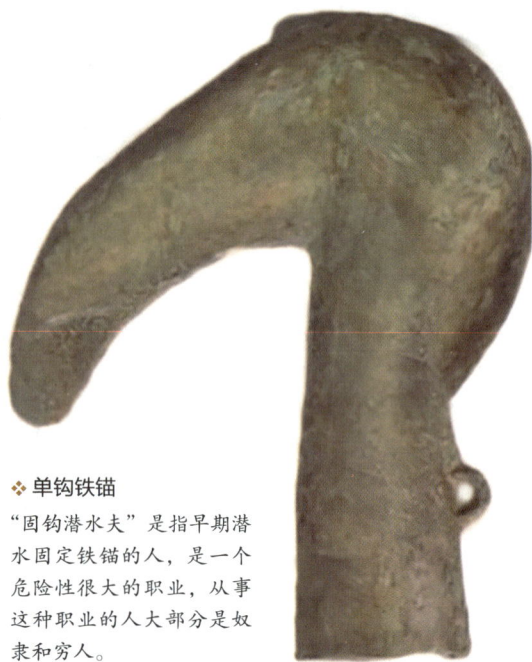

❖ 单钩铁锚

"固钩潜水夫"是指早期潜水固定铁锚的人，是一个危险性很大的职业，从事这种职业的人大部分是奴隶和穷人。

上，当插满木棍的石锚扔入海底时，能很稳定地固定在海底。后来的古希腊人和古罗马人以及我国春秋时期的人们，为了能更快速地稳定和停靠船只，在使用石锚的过程中又做了各种改进，如将两只和两只以上的石锚绑在一起使用，又比如，用一个铁笼，里面填满石块，作为锚使用，甚至还出现了在装满石块的铁笼上安装铁钩，以便能更加快速地抓住海底的礁石泥沙。这个时期的石锚在我国被称为"徒""碇"或"锤舟石"等。

早期的铁锚使用难度大

如今的锚大部分都是铁质的。实际上，铁锚出现得非常早，只是未能被广泛使用。早在公元前600年，小亚细亚的航海家、哲学家阿拉哈斯就曾找铁匠打造了一个大大的弯钩，用绳子系于船头当作锚用。只是这种"锚"的使用难度很大，所以未能普及，当时大部分人还是使用石锚，但阿拉哈斯的发明却是史上第一

如今渔民或者海员常常把停船叫作"碰泊"或是"下碰"，而起航为"起碰"。

只铁锚，是具有跨时代意义的发明。

早期的铁锚很难自行钩住海底，所以并不好用，但由于它是由铁打造而成的，比石锚重很多，加上大大的钩子，能很好地钩住海底，在使用过程中对船只的减速效果比石锚好很多。因此，即便它不好用，也得到了很多人，尤其是有钱人的喜爱，因为他们有钱雇用专门的"固钩潜水夫"，或者派遣奴隶潜入水下将这种笨重的铁锚固定在水底。

锚的种类繁多

我国出现铁锚的时间或许稍晚，但是在春秋战国时期就已经出现了简易的钩状"锚"，至东晋之后的南朝就已经出现了真正的铁锚，而后迅速发展成四爪铁锚，这种锚性能优良，至今在舢板和小船上仍有使用。

欧洲沿海国家的铁锚从出现到发展至18世纪，制造技术也有了很大进步，不再需要有人潜入水下固钩，但是使用起来依旧不是那么顺手，直到1821年，英国的霍金斯设计制造带有长长铁链和锚臂的爪铁锚，使铁锚的使用变得容易起来。

随着全球航海业的兴起，锚变得格外重要，因不同的船只、不同的需求而出现了形形色色的锚，如1885年英国船长霍尔又发明了"霍尔锚"，它的外形像个"山"字，所以也称为"山"字锚，这种锚出现后，迅速成为当时最流行的锚；1933年，英国人泰勒发明了一种样式十分独特的犁锚，能像犁一样插入海底。在现代，各种船用锚的种类繁多，从造型上大致分为有效锚、大抓力锚和主定锚等。

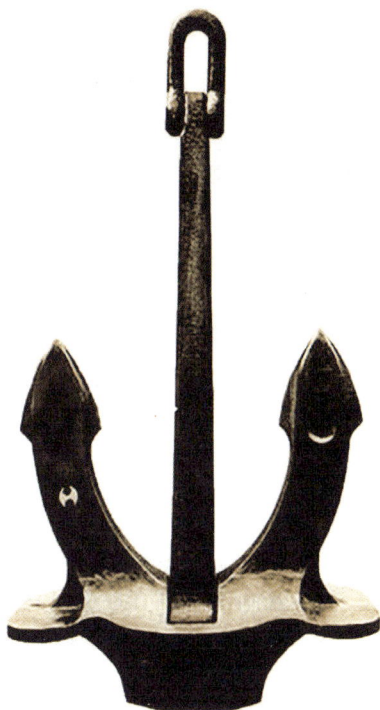

❖ 霍尔锚

❖ 犁锚

1933年，英国人泰勒在锚的底端装上一个双犁铧，极大地提升了锚钩的抓力，抓力是普通锚的两倍。

❖ 银币上的锚

指南针

指南针是中国古代四大发明之一。在电子导航、卫星导航等现代导航技术出现之前，指南针是最重要、最知名的导航设备。古代中国人将指南针用于军事和航海活动，也用于堪舆术。后来，指南针辗转传入欧洲，成为欧洲的航海活动和地理大发现中最不可替代的重要装备。

❖ 指南针

目前，尚无司南原件以及出土文物，但在汉代的石刻画像中描绘了司南的形状，现代科学家据此复原了汉代的司南。

❖ 司南

"指南"的词义有指导或准则之意，而"指南"这个词来自"司南"，两者仅一音之转。在汉代至唐代的文献中，可读到诸如"事之司南""文之司南"以及"人之司南"等词语。唐代以后，在社会科学中，"司南"一词完全为"指南"所取代，而且"司南"（磁勺）奇迹般地销声匿迹，因为磁针已经问世。

航海史上最早使用指南针的记载

在航海技术发明中，指南针是最重要的单项发明之一，最早使用指南针的记载出自我国北宋年间，当时地理学家朱彧将父亲朱服在北宋哲宗元符二年至徽宗崇宁元年（1099－1102年）在广州做知州期间的见闻编入他的著作《萍州可谈》，书中记录了广州的番房、市舶等诸多情况，并记录了中国海船上经验丰富的水手们，在航海时识别方向的方法，"舟师识地理，夜则观星，昼则观日，阴晦则观指南针，或以绳钩取海底

据记载，司南是用整块天然磁石经过琢磨制成勺形，勺柄指南极，并使整个勺的重心恰好落到勺底的正中，勺置于光滑的地盘之中，地盘外方内圆，四周刻有干支四维，合成24向。

泥，嗅之便知所至。"根据朱彧所著的《萍州可谈》，可以证明当时广州海船上使用指南针的时间不会晚于徽宗崇宁元年（1102年），这是世界航海史上最早使用指南针的记载。

指南针的始祖——司南

指南针最早用于航海始于宋朝，但是指南针的始祖——司南，一般认为，大约出现在战国时期，东汉学者王充在《论衡》中记载："司南之杓，投之于地，其柢指南。"司南是把天然磁石琢磨成勺子的形状，放在一个水平光滑的"地盘"上制成的，静止后，长柄就会指向南方（"杓"同"勺"，地盘也叫栻盘，最早出现在秦汉时期），故古人称它为"司南"，战国末期的著作《韩非子》中写道："先王立司南以端朝夕。""端朝夕"就是正四方、定方位的意思。

古人最初以司南作为辨认方向的工具，用于祭祀、出行、占卜、军事作战、看风水等。如《鬼谷子》一书最早记录了"司南"的应用："郑人之取玉也，必载司南之车，为其不惑也。"意思是郑国人采玉时，必会将司南车带上，以确保不迷失方向。

❖ 司南车

春秋时期，人们已经能够将硬度5~7度的软玉和硬玉琢磨成各种形状的器具，因此也能将硬度只有5.5~6.5度的天然磁石制成司南。

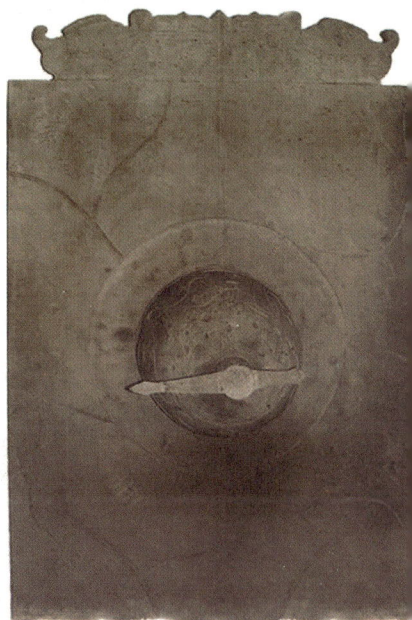

轻巧灵活的"指南鱼"

据记载，司南是用整块天然磁石经过琢磨制成勺形，因天然磁石不易获得，而且在加工时容易因打磨受热而失磁；另外，使用时需要地盘非常光滑，否则会因摩擦阻力过大而无法准确指南；而且成品司南的体积和重量都比较大，不便于携带，因此未能获得广泛应用。

❖ 三星堆出土的指南针

一块石板上有一个半球（地球），半球顶部有一个指南针，其整个方位和造型与如今的罗盘完全一致。短针是指南方的，长针是指北方的。

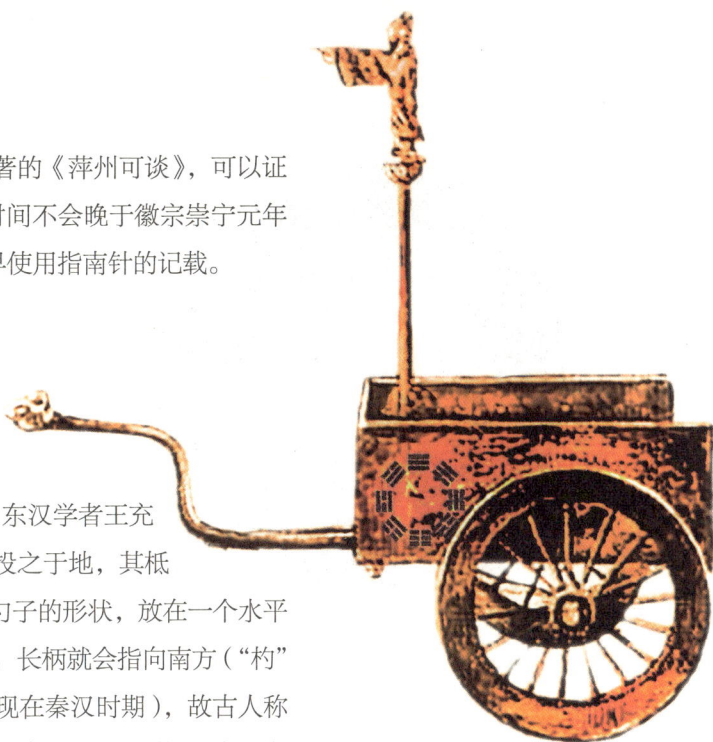

❖ 指南针

❖ 司南佩

司南本是我国古代发明的利用磁场指南性制成的指南仪器，用于正方向，定南北。在汉代占卜之风大盛时，又成为测算凶吉的工具。人们遂仿司南之形，将实用器转变为佩饰器，琢成顶部有司南形状的小玉佩，随身佩戴，用于辟邪压胜，为司南佩。

到了西晋期间，人们发现了天然磁化的技术，于是将薄铁皮剪成鱼形，鱼的腹部略下凹，像一只小船，放到火中烧至通红，然后将鱼头朝南、鱼尾朝北迅速放入水中，便可获得一个经由地磁磁化后的指南鱼（司南鱼），同样有指南的功能，但因指南鱼的磁性较弱，一般常被作为一种民间游戏流传。西晋崔豹在其所著《古今注》中曾提到过这种指南鱼。

北宋政治家、文学家曾公亮在其所著的《武经总要》中记载了指南鱼的制作和使用方法，"用薄铁叶剪裁，长二寸，阔五分，首尾锐如鱼形，置炭火中烧之，候通赤，以铁钤鱼首出火，以尾正对子位，蘸水盆中，没尾数分则止，以密器收之。用时置水碗于无风处，平放鱼在水面，令浮其首，常南向午也。"

最早将指南针用于航海

时至宋朝，指南针的制造技术有了很大的发展。随着磁化技术的发展，指南鱼早已不是民间游戏玩具，已用于军事和航海，它和司南一样，是中国古代用于指示方位和辨别方向的一种器械。

❖ 指南鱼

指南鱼是利用地球磁场使铁片磁化的，即把烧红的铁片放置在子午线的方向上。烧红的铁片内部分子处于比较活跃的状态，使铁分子顺着地球磁场方向排列，达到磁化的目的。

❖ 早期出现的指南针

我国最初的指南针广泛采用的是水浮法。后来，水浮法指南针被称为水罗盘，即把磁化了的铁针穿过灯芯草，浮在水上，磁针浮在水上转动来指引方向。

❖ 水罗盘

把指南浮针与方位盘结合在一起就成了水罗盘。

　　北宋时，人们不仅使用指南鱼，还使用铁针磁化后浮于水面，制作成水罗盘，指南更精确。但因水罗盘在海上航行时不太平稳，易随船舶的摇动而摇晃，随后出现了将指南针放在方位盘上，真正的指南针式罗盘应运而生，这是世界航海史上最早的罗盘，这种由汉族劳动人民开创的仪器导航方法是导航技术的重大创新。

指南针被"欧化"

　　南宋时，指南针已被广泛用于航海，南宋赵汝适在《诸蕃志》中说："渺茫无际，天水一色，舟舶来往，惟以指南针为则。"依靠先进的导航设备，当时的海运贸易非常繁荣，我国的商船将丝织品、瓷器、金属等商品运往朝鲜、日本，远达阿拉伯半岛、波斯湾和非洲东海岸进行贸易，然后换回大量金钱和香料、药材、象牙、珠宝等。

　　宋朝时，我国是当时世界上最重要的海上贸易国家，这种状况一直延续到元朝。指南针也随着繁荣的航海贸易被阿拉伯人带到了欧洲，恩格斯在《自然辩证法》中指出："磁针大约在 1180 年（南宋孝宗惜春七年）从阿拉伯传播到欧洲。"

宋元时期，我国造船业异军突起，所造船舶规模大，数量多。根据吴自牧《梦梁录》卷一二《江海船舰》的记载，大型海船载重达 1 万~1.2 万石（500~600 吨），同时还可搭载 500~600 人。中型海船载重 2000~4000 石（100~200 吨），搭载200~300 人。

❖ 沈括

北宋沈括 (1031—1095 年) 所著的有关我国古代科学技术的著作《梦溪笔谈》中提到一种人工磁化的方法："方家以磁石磨针锋，则能指南。"沈括还在《梦溪笔谈》的补笔谈中谈到了摩擦法磁化时产生的各种现象："以磁石磨针锋，则锐处常指南，亦有指北者，恐石性亦不同……南北相反，理应有异，未深考耳。"

❖ 古代悬系指南针

古代在使用指南针时，除了将指针浮水和置于光滑表面之外，还有悬系法。

木头做的指南鱼和指南龟

在用薄铁皮做的指南鱼出现不久后，我国还出现了用木头做的指南鱼和指南龟。南宋陈元靓所著的《事林广记》记载，用一块木头刻成鱼的样子，像手指那样大，在鱼嘴往里挖一个洞，拿一块磁铁放在里面，再用蜡封好口。用一根针从鱼口里插进去，木头指南鱼就做好了。只需将指南鱼放到水面上，鱼嘴里的针就指向南方。

木头指南龟和木头指南鱼的做法雷同，但是使用时并不是放在水面之上，而是将其安放在竹钉上，任其自由旋转，静止后就指向南北。

陈元靓认为，这种木头指南龟和木头指南鱼是方士创造的，做成以后只是用来变戏法，并没有用于航海指向。

❖ 木头指南鱼

❖ 木头指南龟

阿拉伯人将指南针带到欧洲后，指南针就开始"欧化"，欧洲商人们对指南针进行了多次改良，之后便开始在欧洲的船员中迅速普及开，成为航海时必不可少的设备，同时也广泛应用于测量土地、旅行、军事等各个领域，为人类社会的进步起到了不可估量的作用。

❖ 古代罗盘（刻有 24 向方位盘）
此种罗盘属于改进后的悬针罗盘，比水罗盘方便携带了很多。

沈括在《梦溪笔谈》中谈到指南针不全指南，常微偏东，指出了磁偏角的存在。磁偏角和磁倾角的发现使指南针的指向更加准确。

在宋朝时，广州已经是我国与海外贸易的大港，有管理海船的船政部门和供海外商人居住的番馆，航海事业相当发达。

元代，指南针一跃成为海上指航的最重要仪器。不论昼夜晴阴都用指南针导航了，而且还编制出使用罗盘导航、在不同航行地点指南针针位的连线图，叫作"针路"。船行到某处，采用何针位方向，一路航线都——标识明白，作为航行的依据。

❖ 欧洲 18 世纪的指南针

麦哲伦企鹅

麦哲伦于 1520 年 11 月第一次在南美洲的航行中发现了这种企鹅，后人就用他的名字将其命名为麦哲伦企鹅，以此来纪念这位伟大的航海家。

企鹅在陆地上像人一样站立着，总像是在昂首远望，期盼着什么，所以名为企鹅。当年麦哲伦率领环球航行船队航行到达南美洲海岸时，发现有一种从没见过的奇怪的鹅，这些奇怪的鹅一动也不动，具有特别的呆滞表情，被探险队中的队员皮加菲塔首先记录，因此皮加菲塔的近似音 "Penguin" 就成了企鹅的名字，并且传播开来。

麦哲伦企鹅是一种古老的游禽，大约在 5000 万年前就已经在地球上生活了。它的胸前有两个完整的黑环图案，没有扫帚尾巴，属于环企鹅属中数量最多、最大的一种，与同属的非洲企鹅、洪堡企鹅和加拉帕戈斯企鹅亲缘很近。

麦哲伦企鹅是群居性动物

麦哲伦企鹅是群居性动物，经常栖息在一些近海的小岛上，它们尤其喜欢在茂密的草丛或灌木丛中做窝，或者在较为干燥、植被并不茂盛、土质松软的地带挖洞做窝，以躲避天敌的捕杀。

麦哲伦企鹅主要分布在南美洲的阿根廷、智利沿海，也有少量迁入巴西境内。

麦哲伦企鹅可以直接饮用海水，并通过体腺将海水中的盐分排出体外。它们在食物选择上没有特殊的偏好，鱼、鱿鱼、磷虾和甲壳类动物都是它们的美食。

夫妻共同抚养下一代

每年 9 月，麦哲伦企鹅在巴西渡过冬天后就回到阿根廷和智利进行繁殖。孵蛋期间，雄企鹅觅食完后会接替雌企鹅孵蛋，改由雌企鹅外出觅食，夫妻双方这样交替进行，直至小企鹅出壳。

小企鹅孵化出来后，同样由父母交替出去觅食喂养幼崽，除了猎物严重匮乏的马尔维纳斯群岛附近外，大部分成年麦哲伦企鹅都会很规律地出去捕食，一般每天白天进行一次，捕食时潜水不超过 50 米，偶尔达到 100 米的深度。在冬季食

麦哲伦企鹅又称麦氏环企鹅，是温带企鹅中最大的一个种类。

❖ **麦哲伦企鹅**

❖ 洪堡企鹅

❖ 加拉帕戈斯企鹅

物匮乏的时候，它们会扩大捕食范围，向北可到达巴西海域。

除了马尔维纳斯群岛外，麦哲伦企鹅不会出现在南极或亚南极地区，活动范围也只限于南极辐合带以北，有时会出现在巴西附近的海域。

生存面临多种威胁

❖ 非洲企鹅

随着人类商业捕捞业的发展，麦哲伦企鹅的生存空间被挤压得越来越小，加上各种环境污染，使麦哲伦企鹅的种群数量日渐减小。据统计，如今麦哲伦企鹅的总数量有 180 万对左右，其中马尔维纳斯群岛附近约有 10 万对，阿根廷的其他地方约有 90 万对，智利约有 80 万对，它们的生存面临多种威胁。目前，在世界自然保护联盟濒危物种红色名录中，麦哲伦企鹅的保护现状为近危。

以人类名字命名的企鹅还有阿德利企鹅，它是因 1840 年法国探险家迪蒙·迪尔维尔以他妻子的名字命名的阿德利地而得名的。

雪茄

哥伦布发现新大陆时，发现当地的印第安人嘴上叼着用大枯叶卷起的烟卷吞云吐雾，顿时觉得十分好奇，由此发现了这种能让人提神的烟草，其名称源自玛雅语"sikar（抽烟）"，而它的中文名却来自徐志摩的一次聚会。

第二次世界大战时期的盟军三巨头罗斯福、丘吉尔和斯大林都是吸烟者。有趣的是，3人以不同的方式吸烟，罗斯福抽卷烟，丘吉尔抽雪茄，斯大林抽烟斗。

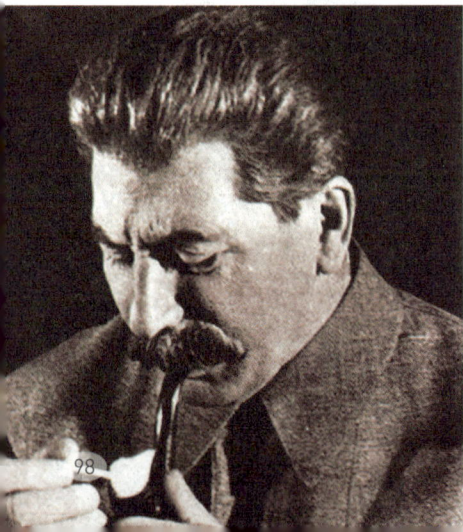

1524年，西班牙人在古巴建立了第一家雪茄工厂，烟草开始在北美商业化种植。从这一年开始，雪茄正式登上了商业舞台。

雪茄是一种经过风干、发酵、醇化很长时间后，再经过人工处理制成的纯天然烟草制品。吸食时把其中一端点燃，然后在另一端用口吸咄，会产生烟雾。

如今，雪茄的主要生产国有巴西、喀麦隆、古巴、多米尼加共和国、洪都拉斯、印度尼西亚、墨西哥、尼加拉瓜和美国以及中国和东南亚的一些国家，而最早的时候，它却只存在于美洲。

从玛雅人到印第安人

历史上最早的烟草可以追溯到公元前6000年的古玛雅时期，据资料显示，居住在墨西哥尤卡坦半岛的

"他抽的雪茄数量惊人。"福克斯说，他的公司从1787年开始销售第一根雪茄。丘吉尔是这家公司旗下雪茄店的顾客，店面在伦敦19圣詹姆斯街道。这儿还留有丘吉尔首相当年经常坐着抽雪茄的皮沙发。

❖斯大林抽烟斗

❖丘吉尔坐在皮沙发上抽雪茄

中美洲原住民——玛雅人，可能是最早种植和吸食烟草的民族。如今，在玛雅神殿遗迹的浮雕和装饰中还能见到描绘古玛雅人在典礼和仪式上"吸烟"的场景。后来，玛雅文明衰落，烟草又随着四散的玛雅人从中美洲向美洲其他地区扩散。北美密西西比的印第安人最早接受了这种烟草，并将烟草奉为祭典仪式上的物品。随后，这种烟草慢慢地扩散到整个美洲。

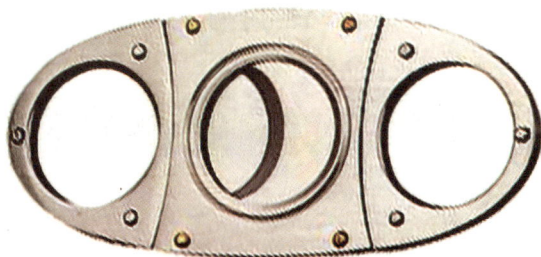

❖ 罗斯福抽香烟

罗斯福是美国历史上最著名的总统之一，他的抽烟照片也非常经典，脸上那种舒适自得的笑容令人印象深刻。

哥伦布发现烟草

1492 年，哥伦布发现美洲新大陆后，率领探险船队在圣萨尔瓦多岛登陆。原住民对他们非常好奇，纷纷围拢观看，当地的首领手执长烟管，浓郁的烟味四溢，他对着哥伦布比手画脚，而哥伦布并不关心首领比画的内容是什么，却闻香惊叹，通过翻译问道："那个冒烟的东西是什么？"翻译却误译为："你们在做什么？"印第安人回答说："Sikar（玛雅语中"抽烟、薰香"或"薰烟"的意思）。"因而这一词就成了雪茄早期的名字。

据考证，古玛雅人发现烟叶可以促进伤口愈合，并能止痛，他们大约在公元前1000年开始吸食和咀嚼烟叶。考古学家在玛雅文明遗址发现了祭司叼烟管儿的雕像，这是人类吸烟的最早证据。

❖ 祭司叼烟管儿的雕像

玛雅文"Sikar"逐渐演变成"Cigarro"和"Cigar"

哥伦布一直以为美洲是东方的印度，遍地财富，他对印第安人抽烟的习俗并不感兴趣，执着于寻找东方的黄金和香料，但是随行的船员和士

雪茄剪是使用雪茄前裁剪雪茄两端的工具，分为手动和半自动两种。

❖ 雪茄剪

❖ 雪茄储藏盒

每种雪茄都有一定的成熟周期，雪茄离开工厂，它们还只是刚刚成了一个"形"而已，没有成熟，这时候的雪茄不适宜抽吸，需要保存在储藏盒（箱、柜）里，在合适的温度和湿度下，才能使它成熟，抽起来口感会更好。

❖ Cohiba 雪茄

如今，关于烟草一词的来源很多，如有说是来自加勒比海中名为"多巴哥"的小岛，也有人说它来自墨西哥的塔瓦斯科州。而古巴的泰诺印第安（巴哈马和大安的列斯群岛一支已经绝种的印第安人）语中的烟草是"Cohiba"，如今却用来特指一种雪茄。

西班牙的塞维利亚市自 1717 年以来就采用古巴烟草来制造雪茄。到 1790 年，雪茄制造已传到了比利牛斯山北部，法国和德国境内都有小型烟厂相继建立起来。西班牙一度垄断烟草，1821 年西班牙国王斐迪南七世颁布法令，鼓励古巴雪茄的生产，后来，西班牙的塞维利亚雪茄的销售份额逐渐让位于古巴雪茄（古巴当时仍是西班牙殖民地），使古巴雪茄名声大噪。

❖ 古巴雪茄

❖ 沃尔特·雷利

沃尔特·雷利（1552—1618 年）是英国文艺复兴时期一位多产的学者。他是政客、军人，同时也是一位诗人、科学爱好者，还是一位探险家。在英国妇孺皆知，沃尔特·雷利爵士可能是将烟草引入英国并使抽烟成为一种新时尚的第一人。

兵等却被这种奇特的烟草迷住了，他们模仿印第安人，用棕榈叶或车前草叶，将干燥扭曲的烟草叶卷起来，开始尝试，然后渐渐地喜欢上了吸烟。随后，抽烟的习俗被带回西班牙和葡萄牙，接着抽雪茄和喝咖啡、可可、茶等一样，成为欧洲贵族象征财富的炫耀品，被传遍整个欧洲。而玛雅文"Sikar"也逐渐被拉丁文"Cigarro"取代，最后演变成英文"Cigar"。

雪茄在欧洲成为新潮流

自哥伦布发现新大陆之后，美洲原住民种植的这种烟叶植物便被欧洲殖民者带到了非洲、印度尼西亚等地大量种植。这种烟叶植物的叶子晒干后，完美的部分被卷成雪茄，不能用于制作雪茄的部分和不好的叶子被制作成香烟及烟斗的烟丝卖到世界各地。就这样，抽烟的习惯快速传播到西班牙与葡萄牙本土，不久后又传到法国、意大利、瑞士。18世纪，荷兰人又成功地将雪茄出口到俄国，雪茄在欧洲成为新潮流。

随后，欧洲对雪茄的需求日益增加，雪茄贸易如同蔗糖、咖啡、茶叶一样，成为欧洲各国贸易的重点。随着第一次工业革命的到来，机器生产雪茄的技术变得成熟，使雪茄价格急速下降，成为平民也能消费得起的物品，而后，世界各地的雪茄热度才开始逐渐下降，销售量萎缩。

中文雪茄一词来自徐志摩

1924年秋，徐志摩在德国柏林与第一任妻子张幼仪离婚后回到上海，在一家私人会所宴请当年的诺贝尔文学奖得主泰戈尔先生，席间两人吞云吐雾并闲聊到"Cigar"这个词，泰戈尔问徐志摩："Do you have a name for cigar in Chinese?（你有没有给雪茄起个中文名？）"

徐志摩思索了一下后娓娓吟道："Cigar之燃灰白如雪，Cigar之烟草卷如茄，就叫雪茄吧！"从此，"Cigar"就有了中文名雪茄，有了徐志摩的中文诠释，雪茄也很快在国内流行起来。

19世纪初，美国第六任总统约翰•昆西•亚当斯和稍后的尤里塞斯•格兰特都是雪茄的忠实拥护者，美国南北战争之后，雪茄在美国蔚为风行。

19世纪后期，雪茄在美国已成为地位的象征，其品牌变得越来越重要。19世纪70年代的减税政策使雪茄变得更加大众化，更易购得，同时也促进了雪茄的生产。

19世纪末，在法国，系黑领结的礼服被指定为吸烟服装，在餐后喝波特酒或白兰地，同时手指夹根雪茄，成为当时的风尚，用现在的话说就是潮人。

❖ 穿西装抽雪茄的爱德华七世

19世纪末，英国的维多利亚女王非常不喜欢抽烟的习俗，但是其子威尔士王子（后来的爱德华七世）却酷爱抽雪茄，是一个不折不扣的标准英国上流社会公子哥，并极力倡导、领导时尚。

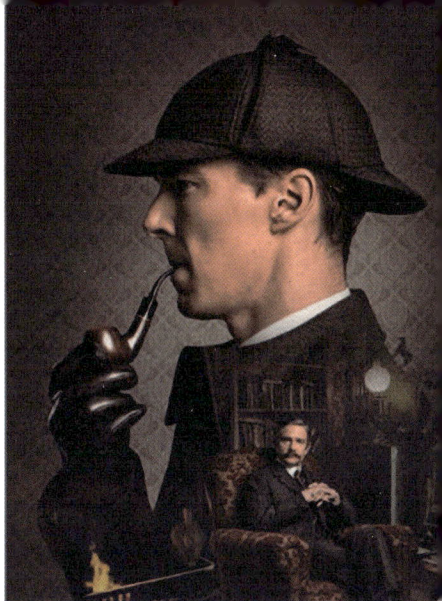

❖ 福尔摩斯抽烟斗

1612年，美国的弗吉尼亚州率先开辟了烟草种植园。早期，美洲人仅用烟斗抽烟，雪茄直到1762年才由古巴引入美国。19世纪初，美国不仅大量进口古巴雪茄，而且国内的雪茄生产也有了飞速发展。

半岛战争后，与拿破仑军队作战的英国士兵在战争中学会了抽雪茄，而且抽雪茄很快成为一种新的时尚。1820年，雪茄开始在英国生产，次年，英国国会设立一个法案控制雪茄生产，新的进口税法更使国外的雪茄在英国成为一种奢侈品。

马铃薯

哥伦布在第一次登陆美洲的时候发现了马铃薯，他将它称为"Papa"，它刚开始传到欧洲时被认为是"罪恶的食物"，后来传入中国，因酷似马铃铛而得名马铃薯，此称呼最早见于康熙年间的《松溪县志》的"食货"目录中。

秘鲁人对马铃薯的爱算得上是"刻骨铭心"。他们的祖先印加人认为马铃薯有魔力，不但种马铃薯、吃马铃薯，还用洗干净的生马铃薯擦头，据说可以缓解头痛；还有人把马铃薯敷在断骨上治疗骨折；出远门的人更是随身带上好几个马铃薯，不光当干粮，还是护身符——他们相信马铃薯可以让他们免受风湿之苦。

马铃薯就是土豆，它长相普通，但是生命力顽强，不管是潮湿的热带地区还是高寒地区，只要有泥土就能生长，而且产量较高。1492年，哥伦布在第一次到达美洲的时候发现了马铃薯，并将它作为"战利品"带回了欧洲，这是马铃薯有史以来第一次走出美洲。从此，它以迅雷不及掩耳之势席卷全球的各个地区，其身影遍及世界各个角落，成为粮食界的宠儿，也影响了世界历史。

◆《吃土豆的人》——凡·高

❖ 马铃铛

马铃薯在我国东北、河北、鄂西北称土豆，在华北称山药蛋，在西北和两湖地区称洋芋，在江浙一带称洋番芋或洋山芋，在广东称为薯仔，在粤东一带称荷兰薯，在闽东地区则称为番仔薯。

❖ 土豆

据西方史料记载，16、17世纪之交，马铃薯被荷兰人传入日本，17世纪中叶又引入我国台湾。乾隆年续修的《台湾府志》称其为"荷兰豆"（《物产·五谷》)，今天我国各地均有栽培。闽、广一带仍称其为荷兰薯、爪哇薯。

印第安人将马铃薯神尊奉为"丰收之神"

马铃薯的原产地在遥远的南美洲安第斯山区，当地的印第安人种植马铃薯的历史已经有数千年。马铃薯的收成直接影响着他们的生活，因此印第安人将马铃薯神尊奉为"丰收之神"，如果某年的马铃薯严重减产，

18世纪初期，俄国的彼得大帝在游历欧洲时重金购买了马铃薯，当时是种在宫廷花园里。直到19世纪中期，沙皇下令：农民必须大规模种马铃薯，马铃薯才开始在俄国普及。

❖ 彼得大帝

安第斯山脉是世界上最长的山脉，它全长8900余千米，巍峨挺拔地纵贯南美洲大陆，是贯穿于整个美洲大陆的科边勒拉山系的南支，是世界上最狭长的山脉之一。

1724年，约拿斯·阿尔斯特鲁玛生活在哥德堡附近的一个小城市，他在自己家的庄园里种下了一些马铃薯；收成以后，他成了瑞典第一个吃马铃薯的人。同时，他呼吁种植和推广马铃薯这种食物，因为其产量大，营养丰富。约拿斯不仅是第一个吃马铃薯的人，而且第一个规范了瑞典语中马铃薯的叫法。以前马铃薯在瑞典有许多名称，有的叫土薯，有的叫地苹果，约拿斯借了英语的名字，称之为"Potatis"。

❖ 约拿斯·阿尔斯特鲁玛雕像——哥德堡

❖《收获土豆》——1855 年

马铃薯进入我国的年代已不可考，在明代晚期已经有相关的记载，当时比较稀少，甚至只有达官显贵才能享用。著名的文人徐渭（即徐文长）还写有五律诗《土豆》：

榱实软不及，
菰根旨定雌。
吴沙花落子，
蜀国叶蹲鸱。
配茗人犹未，
随羞箸似知。
娇蟹非不赏，
憔悴浣纱时。

就被认为"怠慢"了马铃薯神，必须举行一次盛大而残酷的祭祀仪式，杀死牲畜和童男、童女为祭品，乞求马铃薯神保佑丰收。

"罪恶的食物"

1492 年，哥伦布首航到达美洲时，他手下一名制图员在一个印第安小村落发现了一种奇怪的"块菌"，这种块菌便是马铃薯，被当地人视作神物。哥伦布给它起名为"Papa"，并将其作为战利品带回了西班牙。但是，由于在史籍中查不到这个物种，也不知道该如何烹饪，于是有人尝试生食马铃薯块茎，也有人将其做成果酱，但是味道酸涩，无法下咽，这让欧洲人开始对其害怕，并咒骂它是"罪恶的食物"，甚至有人认为吃了它就会得黑死病。1619 年，法国勃艮第地区还曾正式宣布禁食马铃薯。

当时，大部分马铃薯被种植在欧洲人的花圃里，作为奇特的园艺植物供人观赏，如彼得大帝在游历欧洲的时候就曾被美丽的马铃薯花所吸引，于是花重金买下一袋马铃薯块茎带回自己的花园种植。只有极少数的马铃薯被种植在贫瘠的土地之上，任由它自生自灭。

1853 年，一位商人在纽约吃晚饭时抱怨炸马铃薯片太厚。于是大厨便进行了改进，将土豆切得像纸一样薄，然后再放在油锅里炸，并撒上了盐，从此炸薯片意外地流行起来。

❖ 土豆美食——炸薯片

❖ 收获土豆

据统计，19 世纪初，爱尔兰岛上的农民、工人每人每天消耗的马铃薯为 6.3 千克，妇女和 10 岁以上的儿童每人每天的消耗量大约为 5 千克，小一点的儿童每人每天的消耗量为 2.3 千克。

保命粮食

欧洲人对马铃薯的偏见持续了两个世纪才逐渐改变。18 世纪，西欧发生了严重的灾荒，粮食大量减产甚至枯萎，而那些被种在贫瘠土地上的马铃薯却依旧长势喜人，而且收成颇丰。饥饿的人们不得不开始尝试食用马铃薯，发现马铃薯被煮熟之后变得柔软，可以和各种食物搭配着烹饪，并且由于它便于储藏、携带，同时还含有大量的维生素 C，能够预防坏血病等诸多优点，逐渐成为仅次于面粉的重要主食。

由于马铃薯的丰产，欧洲人度过了严重的粮荒，在灾荒严重的 18 世纪不但没有减少人口，反而人口迅速增长。从此之后，马铃薯便成为欧洲人必不可少的主食，在欧洲被广泛种植。

当初带回马铃薯的哥伦布肯定想象不到，这种被他叫作"Papa"的东西，因能养活更多的人而传遍了世界，甚至改变了世界历史。

过度依赖马铃薯的爱尔兰

马铃薯成为欧洲人的宠儿，被广泛种植，尤其是它顽强的生命力，使它能在贫瘠的爱尔兰岛土地上生长，成了岛上人们赖以生存的食物，灾难便悄悄降临……

爱尔兰岛是一座贫瘠的岛屿，谷类植物在这里长不好，小麦几乎就不能生长，然而，马铃薯却能很容易获得丰收，因此，19 世纪初期，马铃薯几乎成为爱尔兰人的唯一食物。马铃薯的高产，使爱尔兰人口从 1700 年的 200 万人，猛增到 1841 年的 820 万人，达到 4 倍多。整个爱尔兰几乎靠马铃薯在支撑着。

到了 1845 年，一场灾害来临，马铃薯成为这里的致命杀手。

1845 年的夏天，爱尔兰多雨阴霾，短短几周之内，一种凶猛的真菌席卷了这座岛屿，导致马铃薯枯萎腐烂，使岛上马铃薯的产量减少了 1/3。第二年的情况更糟，超过 3/4 的马铃薯田绝收，对以马铃薯为主食的爱尔兰人而言，灾难已经降临了：穷人吃不饱，数百万穷人根本买不起其他可替代的粮食，只能坐以待毙。

到 1851 年，爱尔兰人口已比 10 年前减少了近 1/4，这场饥荒差不多饿死了 100 万专吃马铃薯的爱尔兰人，并且迫使大约 200 万人逃离连岁遭饥馑的家乡。饥荒与移民潮导致爱尔兰本国人口剩下不足 400 多万人。

从 1801 年开始，爱尔兰岛成为"大不列颠与爱尔兰联合王国"不可分割的一部分之后，岛上稍微肥沃一些的土地被英格兰贵族霸占，据统计，当时的普通爱尔兰人仅拥有 5% 的土地。这样的背景之下，成就了马铃薯无与伦比的重要地位。

荷兰豆

荷兰豆并非产于荷兰，它的原产地为如今的泰国和缅甸周边地带，之所以被称为荷兰豆，是因为荷兰人将它带到了中国。

在那个时代，荷兰有一个绰号："海上马车夫"。"海上马车夫"绝非浪得虚名，17世纪的荷兰拥有各种船只1.5万艘，水手8万多人，船只数量和水手总数都超过了欧洲其他国家的总和，其中战舰的总吨位超过当时欧洲强国英国1倍多，商船吨位更是占当时欧洲商船总吨位的3/4。

❖ 荷兰货船

荷兰豆又称荷仁豆、剪豆，属豆科豌豆属，荷兰豆嫩荚质脆清香，营养价值很高。人们就算不知道它的来头，仅是听这个名字也会猜到它和荷兰有很深的渊源。

运往荷兰的被叫作中国豆

17世纪，随着海军力量的迅速崛起，荷兰在世界各地建立殖民地和贸易据点，荷兰殖民者控制了南洋诸岛，并将世界各地的各种货物通过荷兰的货船运到了这里，又将东南亚的各种货物运往世界各地。这些货物中就有荷兰豆，它被运往欧

❖ 荷兰东印度公司的货币

洲各地，荷兰豆在欧洲有了各式各样的名字，它的法语名为"Mangetout"，竟然是"全吃掉"的意思；在德国叫"Zuckererbsen"（糖豌豆）；在澳大利亚叫"Snow Pea"（雪豌豆），而荷兰人则称其为"中国豆"。因为17世纪时欧洲绝大多数人只知道东方有印度和中国，或许受《马可·波罗游记》的影响，它没有叫印度豆，而叫中国豆了。

荷兰豆，种出荷兰

荷兰商船除了把荷兰豆运往欧洲外，也把它带到了我国台湾地区和南洋诸岛，并被当地人大量种植，因为这种豆是随着荷兰商船而来的，因此被当地人叫作荷兰豆。乾隆时期的《台湾府志》中有记载："荷兰豆，种出荷兰，可充蔬品煮食，其色新绿，其味香嫩。乾隆五十年，番船携其豆仁至十三行，分与土人种之……豆种自荷兰国来，故因以为名云。"

进入中国的被称作荷兰豆

荷兰殖民了南洋诸岛之后，希望吸引华人去开发，加之我国明末、清朝时期几次大乱，去东南亚经商、打工乃至迁徙的华人规模巨大，而这些下南洋的人将这种豌豆带回国内，沿用了我国台湾地区和南洋诸岛的叫法，称其为荷兰豆。嘉庆年间刘世馨在《粤屑》中记载："荷兰豆，本外洋种，粤中向无有也。"

❖ 热兰遮城复原模型

荷兰人最早占领的是今天的我国台南安平地区，建立了热兰遮城和普罗民遮城，作为这一海域的重要据点，两城后在战火中被摧毁，如今还有遗迹残存。

荷兰人殖民了南洋诸岛并占领我国台湾之后，非常重视华人移民，因其数量众多且人工廉价。华人善于垦殖、捕鱼、制糖，甚至经商，所以在殖民过程中，荷兰人很少自母国带来移民，而是想办法吸引大量华人移民。

1661年，郑成功从料罗（今天的金门料罗港）出发，引兵2.5万人渡过台湾海峡，与岛上的荷兰驻军交战两年后，终于结束其统治，不过荷兰豆却在我国台湾岛牢牢扎根、传播。

❖ 郑成功

❖ 荷兰豆（软夹）

❖ 荷兰豆（硬夹）

如今，荷兰豆在我国被普遍种植，经过选育和改进，我国产的荷兰豆越来越优质，由于其营养价值高，风味鲜美，在美国、加拿大、澳大利亚、新加坡、马来西亚等市场十分畅销。

"荷兰豆"在我国有很多名字，如豌豆、菜豌豆、兰豆、雪豆、莫谷豆……全国各地流行各种不同的叫法。

我国产的"荷兰豆"大都被翻译成"Chinese snow pea"（中国雪豌豆）。现在不少超市里卖的"荷兰豆"是后来美国人用两种豌豆杂交得来的改良品种，味道甘甜，可以直接生吃。

虽然荷兰豆属豌豆属，但是两者还是有区别的，荷兰豆在成熟后比较扁、宽，豆粒小，以食用嫩荚为主；豌豆成熟后豆粒较大，呈圆柱状。荷兰豆源自荷兰人，但是豌豆却是我国土生土长的，早在2000多年前，我国中部和东北地区已经大面积种植，古时称豌豆为戎菽，春秋时期管仲在《管子•戒》中记载："北伐山戎，出冬葱与戎菽，布之天下。"明代李时珍在《本草纲目》中记载：【谷部•豌豆】释名：胡豆、戎菽、回鹘豆、毕豆、青小豆、青斑豆、麻累。《尔雅•释草》："戎叔，谓之荏菽。"郭璞注："即胡豆也。"或谓戎菽、胡豆，皆豌豆别名。

❖ **雕刻的豌豆**

翡翠、玉以及各种饰品中，豆荚是常规题材，一般有3粒豆，有连中三元的意思，又因为豆荚是佛家的当家菜，所以被称为佛豆，谐音"福豆"。

蔗糖

公元前4世纪，马其顿国王亚历山大大帝征服希腊各邦后，又率部东征，在攻入印度北部时发现一种非常甜的固体蜜，它并非由蜂蜜制造，而是由当地特有的甘蔗提炼而成，因此被叫作蔗糖，从此，这种产自印度的蔗糖被欧洲人喜爱。

历史上能提炼糖的植物不多，19世纪才出现了从甜菜中提取糖的工艺，在此之前，甘蔗是能提炼糖类的唯一植物。

蔗糖发源地之古印度

西方各国语言中的"蔗糖"这个名字与我国古代的"西极石密"或"西国石密"都包含"Sacca"字根，它们都来自梵文。

关于甘蔗制糖最早的记载是公元前300年的印度著作《吠陀经》，书中记载的制蔗糖方法是将甘蔗榨出甘蔗水晒成糖浆，经过太阳暴晒或用火煮炼后形成的固体原始蔗糖。

《本草纲目》中记载："石蜜，即白砂糖也，凝结作饼块如石者为石蜜。"清代张澍辑著作的《凉州异物志》记载："石蜜，非石类，假石之名也。实乃甘蔗汁煎而暴之，凝如石而体甚轻，故谓之石蜜。"

❖ **蔗糖**

人类有悠久的制糖历史，在史前时期，人类就已知道从鲜果、蜂蜜、植物中摄取甜味食物。后发展为从谷物中制取饴糖。据古籍的记载，中国人在2000多年前就有了"饴"这个字，意思就是麦芽糖。继而发展为从甘蔗中提炼糖。

❖ **饴糖**

我国是世界上最早制糖的国家之一。早期制得的糖主要有饴糖和蔗糖，而饴糖占有更重要的地位。我国西周的《诗经·大雅》中有"周原膴膴，堇荼如饴"的诗句，意思是周的土地十分肥美，连堇菜和苦荬也像饴糖一样甜。

根据季羡林考证，"石蜜"一词最早出现在汉代文献中，石蜜又称为"西极石密"或"西国石密"，来自古印度，因此，蔗糖的发源地可能是古印度，而后通过丝绸之路传入我国和世界各地。

蔗糖发源地之中国

据统计，我国众多古籍中对"蔗"和"糖"两个字就有30余种写法和称呼，此外还记述了不同的甘蔗品种、用途、栽培法以及制糖工具和方法等。即便有证据指向蔗糖的发源地是古印度，但是，我国古籍中也有许多证据证明了蔗糖的原产地是中国。

虽然公元前327年亚历山大大帝东征印度时发现了蔗糖，但是，我国蔗糖的历史更加悠久。据《诗经》记载，公元前12世纪以前我国就已开始制糖。早在公元前3世纪的《楚辞·招魂》中就有相关的诗句："胹鳖炮羔，有柘浆些"，"柘"即是甘蔗，"柘浆"就是从甘蔗中取得的汁。

❖ 波斯皇帝大流士一世

不仅亚历山大大帝在印度发现了蔗糖，公元前510年，波斯皇帝大流士一世在侵略印度时也发现了"芦苇产蜂蜜却没有蜜蜂"的秘密，而把甘蔗称为"味道甜美的芦苇"，这个秘密的发现为波斯带来了巨大的财富。

❖ 鉴真

《新唐书》中记载唐太宗遣使去摩揭陀（印度）取熬糖法，说明印度的炼糖术在唐朝传入我国。相传，唐太宗时期，大量派人出使印度去学习佛法，结果顺便学到了制糖技术。回到国内后，聪明的中国人不再晒甘蔗汁了，而是把甘蔗榨汁后，烧火熬制，就有了最早的红糖。

后来鉴真东渡出使日本，带去了我国的文字、瓷器、佛经和红糖。但是，由于鉴真坐船漂洋过海，红糖遇到大量湿气，受潮迅速氧化，结果到了日本的时候变成了非常深黑的"黑糖"，日本人以为红糖就应该是黑色的。所以，后来日本人就照这个标杆来制造糖，结果自然就制成了黑糖。

日本人乌仓龙治和伊波普猷等的著作中也有说道："中国唐朝鉴真和尚东渡扶桑时，把制糖法传入日本。"

另外，有关历史资料中记载，公元前3世纪末，闽王已从福建向汉高祖进贡甘蔗制的砂糖。众多的历史资料证明了我国制糖的历史远早于亚历山大大帝东征印度的时间。

此外，意大利人马可·波罗在《马可·波罗游记》中谈到了我国产蔗糖的地方和印度人来我国买糖的情况。这说明印度开始生产蔗糖的时间比我国迟得多。因此，种甘蔗和制糖技术应该是由我国直接或间接向世界各地传播的。

大航海的脚步始于寻找甘蔗种植园

蔗糖的起源地虽然无法最终确定，但是蔗糖在世界范围内的传播最早应是7世纪中期，当时向欧洲扩张的阿拉伯人把蔗糖传入地中海沿岸，当时的热那亚人、佛罗伦萨人、威尼斯人在从事香料贸易的同时，也参与东方和西方的蔗糖贸易中。在甘蔗被欧洲殖民者大片种植之前，蔗糖和来自遥远亚洲的香料一样，是极为贵重的稀罕物，甚至被当成药品使用，仅仅在欧洲上流社会中流传，普通人无缘得见。一直到黑死病大流行的14世纪，珍贵的蔗糖甚至还被当作药品用来治病。

巨大的经济利益让欧洲人也试着在自己的土地上种植甘蔗，塞浦路斯、西西里岛这些温暖的地方开始有了甘蔗种植园，但是欧洲能种出甘蔗的地方实在太少了。价格昂贵的蔗糖让欧洲人急切探寻可能的贸易路线，也迫切希望找到能够大量种植甘蔗的新土地。15世纪中期，葡萄牙航海

❖ 中国劳工

自1852年起，夏威夷从我国招来大量的蔗田工人和土法制糖技术工人，至今还留存当时从我国运去的甘蔗压榨木辊。

印度尼西亚的爪哇和菲律宾等地的种甘蔗和制糖技术是16世纪由华侨传去的。

我国台湾地区的种甘蔗和制糖技术是由福建省传去的，并有从漳州聘熬糖师的记载。

北宋王灼于公元1130年间撰写出我国第一部制糖专著——《糖霜谱》，全书共分7篇，分别记述了我国制糖发展的历史、甘蔗的种植方法、制糖的设备（包括压榨及煮炼设备）、工艺过程、糖霜性味、用途、糖业经济等。

❖ 制糖专著《糖霜谱》

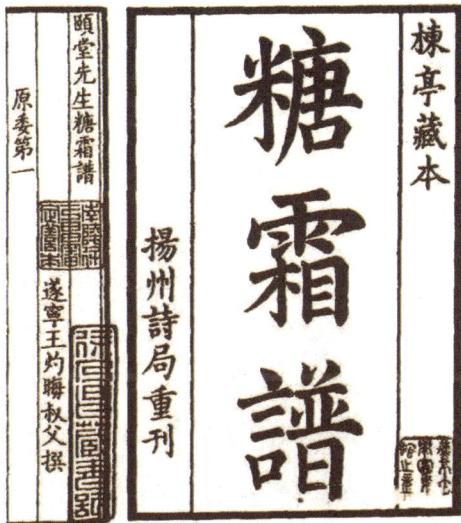

家 G.扎尔科和 T.瓦兹到达马德拉群岛，发现这里的气候条件非常适合种植甘蔗，因此把它变成了一个甘蔗种植园。后来，西班牙在马德拉群岛附近的加那利群岛上引进了甘蔗和制糖业。随着欧洲船队航路的延伸，沿大西洋东岸一路向南，一个个未被开垦过的群岛逐渐变成了甘蔗种植园。

美洲成为全世界的蔗糖生产中心

1492 年，哥伦布发现了美洲大陆，西班牙开辟了去往美洲的新航线。在接下来的 4 个世纪中，接踵而至的欧洲殖民者将甘蔗带到了美洲并传播开来，这些欧洲殖民者开始大规模贩卖非洲奴隶到美洲的甘蔗种植园，种植甘蔗以及制作蔗糖。随着蔗糖产量逐步增加，它已经渐渐褪去药品的标签，虽然仍旧价格不菲，但已经不是上流社会的专属物品了，蔗糖生产成为当时最有利可图的产业。

到 17 世纪后，美洲遍地都是甘蔗种植园，从英属巴巴多斯岛到法属马提尼克岛等，再到整个加勒比海地区的大大小小的岛屿上，都密密麻麻地种植了甘蔗，即使是原来人烟稀少的荒岛也都开垦成了甘蔗种植园。如此庞大的制糖产业，同时又刺激了奴隶贩卖的生意，成千上万的非洲黑奴被带往美洲，被强迫在甘蔗种植园干活。从此，美洲成为全世界的

❖ **历史上制糖用的石磨**

❖ 劳作中的黑人奴隶

蔗糖生产中心，形成了在美洲生产、在欧洲销售的贸易链。

蔗糖贸易催生了奴隶贸易

随着中南美洲甘蔗种植规模的不断扩大，蔗糖产量与日俱增，蔗糖的价格已经降到平民可以消费的程度。然而这一切都是罪恶的，是黑奴们牺牲了自由换来的。埃里克·威廉斯曾这样说道："哪里有蔗糖，哪里就有奴隶！"

奴隶贩子在非洲通过各种手段将黑人奴隶装进大船，运往加勒比海，卖给美洲的甘蔗种植园主，然后再把蔗糖运回欧洲，在欧洲高价卖了蔗糖，买枪支再卖到非洲换取奴隶。跨越欧、美、非三大洲的"三角贸易"由此形成。在非洲千万黑奴的累累白骨和斑斑血泪之下，美洲的甘蔗种植园主过上了富可敌国的生活。

据估算，1500—1840 年，有 1170 万非洲人被贩卖到美洲。在同一时期，大约有 340 万欧洲人移民到了美洲。也就是说，每当一个欧洲人来到美洲的时候，就有 3 个非洲人被抓上了奴隶贩子的船。这些被贩运到美洲的黑奴，绝大多数被卖到甘蔗种植园工作，其中又以海地最多，海地进口的黑奴数量比美国进口量的两倍还多。

关于蔗糖最早的文字记载见于汉朝（公元前 202—公元 220 年），杨孚（东汉时南海郡番禺人）所著的《异物志》中描述："（甘蔗）长丈余颇似竹，斩而食之既甘，榨取汁如饴饧，名之曰糖。"不过，这个时期的蔗糖是将甘蔗汁暴晒于阳光之下，变成黏稠的半固体形状，还不能称为蔗糖。

❖ 运输黑人的贸易

❖ 历史上的制糖工厂

甜蜜的蔗糖背后却浸透了无数非洲黑奴和亚洲贫苦农民的血泪和汗水。美国独立之后，1833年，英国在全部殖民地废除了奴隶制度。在英国之后，迫于巨大的国际压力，拉美各国逐渐废除了奴隶贸易和奴隶制度，但西班牙的殖民地古巴，蔗糖种植园的奴隶制一直持续到1880年，葡萄牙的殖民地巴西，奴隶制一直持续到1888年，是西半球最后一个废除的。

❖ 黑奴

美国独立与蔗糖有关

随着美洲蔗糖产业的升级，以及其他产品贸易（如棉花）的丰厚利润，美洲成为欧洲殖民者争夺控制权的战场，欧洲各国在此展开了激烈的搏杀。至18世纪中叶，英国成为北美大部分土地的拥有者。此外，关于蔗糖产业劳动力的利益争夺也非常剧烈，如争夺西班牙所属南美殖民地的奴隶供应权等。然而，巨大的战争花费被转嫁到北美殖民地农场主以及当地居民身上，这引起了他们极大的不满。随即，美国独立战争爆发。因此，说蔗糖间接引发了美国独立一点儿也不为过。

美国第一任副总统、第二任总统约翰·亚当斯在1775年写道："我们不该羞于承认，蔗糖的问题是导致美国独立战争的重要因素，很多大事件都是由小因素导致的。"

1876年，美国与夏威夷王国签署贸易互惠条约；在接下来的20年中，夏威夷的蔗糖产量暴增了将近20倍，几乎全部出口美国。1898年，夏威夷被并入美国版图，当时的《民族》杂志抨击这场兼并其实就是"为了糖"。

英国就是通过贩卖黑奴、白糖、棉花建立起近代世界贸易体系，成为"日不落帝国"的，世界格局发生了巨大转变。

甜菜糖打破了甘蔗糖的垄断

制糖历史大致经历了早期制糖、手工业制糖和机械化制糖 3 个阶段，而制糖业的每一次发展，都意味着工业技术水平的一次重大飞跃，也使糖从昔日贵族才能享用的奢侈品，变为寻常人家消费得起的商品。

18 世纪末，德国崛起，这时候亚洲、非洲、美洲这些能种甘蔗的大洲都已经被英国、法国、西班牙、葡萄牙等占领，德国人根本无法插足蔗糖生意，所以他们只能另辟蹊径。1802 年，德国人阿哈尔德在库内恩建立了世界上第一座甜菜糖厂，利用甜菜的糖分制造糖，随后，欧洲各国相继建立甜菜糖厂，不久，甜菜制糖技术便越过大西洋，传播到美洲，继而传播到亚洲，遍及世界各地。甘蔗对甜味的垄断被打破，但是其重要地位依旧未能被撼动，目前世界范围内甘蔗糖的占比依旧高达 80%，而甜菜糖仅为 20%。

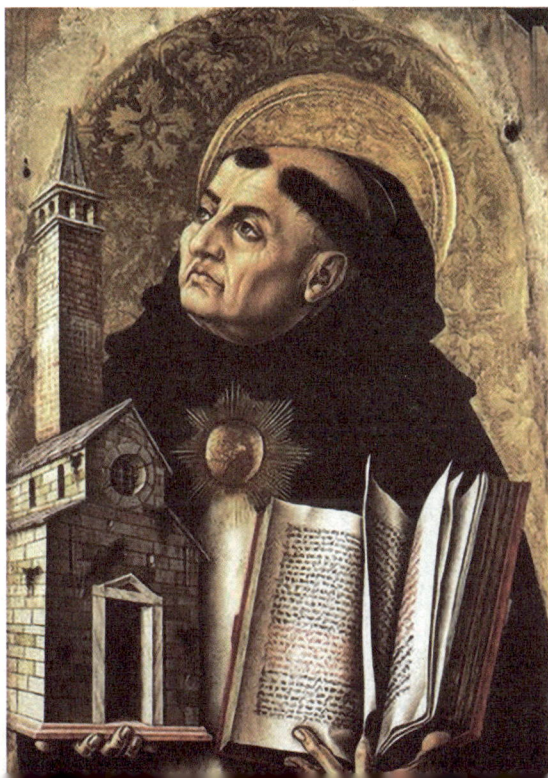

❖ **马格拉夫**

马格拉夫（1709—1782 年）是一位德国化学家，1747 年，他发现甜菜含有大量糖分，虽然在品质上比不上甘蔗，但含糖量也非常可观。后来，他著书《制糖的化学实验》，成为 1802 年以及以后各国建造制糖厂的理论依据。此外，他还发现并提纯了樟脑。

摩洛哥旅行家伊本·白图泰在《伊本·白图泰游记》中说："中国出产大量的蔗糖，其质量较之埃及实在有过之而无不及。"

中国在世界蔗糖贸易中领先，在鸦片战争前，中国是世界上最大的产糖国家，所产蔗糖畅销世界各地，远达英国、美国。

❖ **托马斯·阿奎纳**

托马斯·阿奎纳（1225—1274 年）是中世纪经院哲学的哲学家和神学家，他把理性引进神学，用"自然法则"来论证"君权神圣"说，死后被封为"天使博士"（天使圣师）或全能博士。他是自然神学最早的提倡者之一，也是托马斯哲学学派的创立者，成为天主教长期以来研究哲学的重要根据。

其在《神学大全》中说："禁食期间无须禁糖，……正如药物一样，糖也不会有碍禁食。"在此后的 500 年里，糖被作为药物的用量几乎和其他用途的用量一样多，除了药用之外，还被用作装饰品、香料和防腐剂。

茶叶

神　奇　的　东　方　树　叶

　　中国茶叶和茶文化有漫长的发展历史，最早可追溯到上古神农氏尝百草，《神农百草经》中记载："神农尝百草，日遇七十二毒，得茶而解之。"上古无茶字，以"荼"字代"茶"字，当为茶叶药用之始。自唐代起"荼"字被减去一笔，写成"茶"字，自此便有了专用的茶字。

　　中国是茶树的原产地，也是最早发现和利用茶叶的地方，我国人民经过长期的实践、尝试，创造了丰富多彩的茶文化并将其传播到全世界。世界各国最初所饮的茶叶、所栽的茶树以及饮茶方法、栽培技术、加工工艺、茶事礼俗等，都是直接或间接地从中国引进的。因此，中国被誉为"茶的祖国"。

茶叶在中国的历史

　　茶叶俗称茶，一般包括茶树的叶子和芽，其别名为槚、茗、荈。

❖ 神农氏

传说茶叶被人类发现是在公元前28世纪的神农时代。

　　在唐代，不仅中原广大地区的人饮茶，而且边疆少数民族地区的人也饮茶，甚至出现了茶水铺，"不问道俗，投钱取饮。"从唐代白居易那句"商人重利轻别离，前月浮梁买茶去"诗句中，不难看出商人在当时贩卖茶叶是一件非常普遍的事情。

❖ 茶

茶是中华民族的举国之饮，"发乎神农，闻于周公，兴于唐，盛于宋"。上古神农氏时期，人类只是将茶叶作为药用物种；到了商周时期，茶已经从药草变成了食物；到春秋战国时期，茶叶为饼茶，已传播至黄河中下游地区；到西汉时期，四川人最早将茶作为饮品使用，这种习惯和风尚又沿着长江传播，但是，此时的茶依旧是比较珍贵的物品，除了四川地区外，民间很少饮茶；到魏晋、南北朝之后，茶作为饮料才在民间广为传播。

到了唐代，茶又伴随着佛教文化的兴起而兴盛，佛门茶事盛行，带动了善男信女饮茶，促进了饮茶风气在社会上的普及，并大行中国的"茶道"。唐朝茶圣陆羽写了《茶经》之后，茶道更是兴盛。饮茶之风扩散到民间，因为人们把茶当作家常饮料。此时，茶叶和饮茶方式开始向国外传播，特别是对朝鲜和日本的影响很大。

在宋朝，除了上层社会嗜茶成风外，茶在民众的日常生活中成了必需品，《梦粱录》中这样描述："盖人家每日不可阙者，柴米油盐酱醋茶。""夫茶之用，等于米盐，不可一日以无。"茶成为宋人"开门七件事"之一。

元朝时期，饼茶逐渐衰落，以散茶、末茶为主，制茶工艺已与现代蒸青绿茶的工艺差不多，民间大众已大多饮用散茶。

到明清时期，"工夫茶艺"开始流行，到清代后期，我国茶叶生产开始由盛而衰，19世纪后半叶，我国年均产茶二十几万吨，出口茶叶十几万吨，出口量占当时世界茶叶贸易总量的80%以上，但到了20世纪初，由于列强入侵，茶叶生产一落千丈。直到中华人

❖《煮茶》
明朝以前的茶砖是需要煮后饮的。

两汉时期，茶叶开始作为四川的特产进贡到皇宫，成为御用贡品。由于当时的茶叶比较稀少，即便是在权贵阶层也是珍品，只有很少一部分的王公大臣才有机会品尝到。

从晋代开始，佛教徒、道教徒与茶结缘，以茶养生，以茶助修行。从饮茶起就有了"客来敬茶"的礼节，到两晋南北朝时，"客来敬茶"成了普遍的礼仪。两晋南北朝，茶文学初步兴起，产生了《荈赋》等名篇，中华茶艺也于西晋时萌芽。

❖ 古人在喝茶

❖ **古画中的宋朝斗茶**
斗茶始于唐末福建一带，到了宋代更加盛行，"斗茶"所用茶叶为饼茶，将研细后的茶末放在茶碗中调匀，然后徐徐注入沸水，以茶筅击拂，使茶汤泡沫均匀，从茶汤、泡沫的颜色和茶叶的香气、滋味来评比高低。斗茶促进了当时制茶技术的提高和饮茶方式的完善。

❖ **清明上河图中喝茶的场景**
宋代，茶与文化（诗、书、画、歌）的融合特别突出，几乎所有的诗人都写过咏茶诗歌；几乎所有的画家都画过茶事的作品，如反映当时首都汴京临河的茶馆景象的《清明上河图》、宋徽宗赵佶反映斗茶场面的《文会图》、描绘卢仝饮茶的《卢仝烹茶图》等。

民共和国成立后，茶叶生产才再度有了飞速发展，我国的茶园面积又占据世界第一位，成为茶叶生产大国。

神奇的东方树叶

茶叶被西方人称为"神奇的东方树叶"，如今已经成为风靡世界的三大无酒精饮料（茶、咖啡和可可）之一，在异国他乡大放异彩。

中国茶叶向外输出的最早时间在公元473—476年间，当时奥斯曼人来到我国西北边境以物易茶。13世纪，蒙古帝国崛起，伴随着蒙古铁骑，中国茶文化被带到了阿拉伯半岛和印度，茶叶由阿拉伯商人和印度商人贩卖给欧洲商人。后来，崛起的奥斯曼帝国截断了亚欧大陆的商路，欧洲商人开始寻求从海上前往东方大陆的通道。

1498年，葡萄牙航海家达·伽马成功抵达印度，顺利打通了欧洲通往东方的航道。此后，茶叶与东方香料一起通过海路被运往了欧洲。

东方国度的大量财富吸引了来自欧洲各国的殖民者，到17世纪末，先后有葡萄牙、英国、荷兰、丹麦、法国在东半球的印度、印度尼西亚和马来西亚等地成立东印度公司。茶叶更是当时欧洲殖民者搜刮的重要货物，被带到欧洲后，成为欧洲各国皇室喜爱的贵族饮品。

葡萄牙公主引爆英国贵族时尚圈

16世纪中期，葡萄牙人第一次在澳门定居，从此茶叶便更加顺利地被运往欧洲。1662年，葡萄牙国王若昂四世之女凯瑟琳公主嫁给了英国国王查理二世，其随身的嫁妆除了金银珠宝之外，还有大量的茶叶，凯瑟琳公主与查理二世联姻之后，迅速成为英国人关注的焦点，她的穿着打扮、生活喜好都成了当时英国人模仿的典范，而凯瑟琳公主有个习惯，她每天都要饮茶，因此，在凯瑟琳公主的带动下，饮茶成为当时英国贵族圈的时尚。

到18世纪，茶叶受到英国各个阶层的追捧，成为全国性的新型饮品，逐渐取代了杜松子酒，成为英国人最喜爱的饮料。1795年，英国东印度公司依靠武力开始控制全球茶叶贸易。当时，中国出产的茶叶、丝绸、瓷器等产品是欧洲市场上的奢侈品、时兴货。仅是英国，每年平均从中国购买茶叶数千万斤，值白银几百万两，而运到中国的洋布、钟表总值尚不足以抵消茶叶一项。

波士顿倾茶事件

18世纪，英国成为北美大部分土地的拥有者，长期对殖民地进行剥削，对北美殖民地经济的发展起到严重阻碍作用，为了对抗英国的经济政策，北美人民奋起抗争。

葡萄牙国王若昂四世之女凯瑟琳远嫁英国国王查理二世后，除了为查理二世带来了大量的财富，还带来了在葡萄牙已经流行开的中国茶叶。

❖ 查理二世与他的妻子凯瑟琳王后

❖ 荷兰东印度公司徽

❖ 英国东印度公司徽

❖ 法国东印度公司徽

从 18 世纪上半叶开始，英国调整进口关税为进口价格的 53%，而到了 1783 年，涨到了 114%，这导致走私猖獗。同时，为了控制东方贸易以及北美殖民地，英国大量消耗国库。为了弥补国库空虚，英国对北美殖民地大肆增加税收，导致北美人民的反抗。1770 年 3 月 5 日，波士顿发生了冲突，暴乱之中，英国部队开枪射击，导致 5 人死亡，6 人受伤，这个事件被称为"波士顿屠杀"。

一波未平，一波又起。18 世纪，茶叶走私淹没了英伦群岛，其数量巨大。走私成为中国和欧洲之间茶叶贸易的一大动力。18 世纪 80 年代，茶叶走私威胁到了整个英国经济，使英

国外最早提到茶叶的记述是 1545 年意大利人赖麦锡的《航海记集成》。赖麦锡（1485—1557 年）是一位意大利地理学者，生于特雷维佐，纂有《游记丛书》，其中所收《马可·波罗行纪》为此行纪主要传本之一。

1517 年，葡萄牙的一支船队在我国广东靠岸，从而促进了我国与西方之间的贸易。当时正是我国明朝时期，葡萄牙人在我国沿海建立了一个机构。当时的明王朝把茶叶当作主要的出口商品。

❖ 波士顿屠杀

国本土大量积压的茶叶无法销售出去。1773 年，英国国王乔治三世为了帮助财政困难的英国东印度公司，对殖民地大肆增加税收，并颁布实施了新的税法——《茶税法》。

英国东印度公司因此垄断了北美殖民地的茶叶运销，其输入的茶叶价格较"私茶"便宜 50%（人们饮用的私茶占消费量的 9/10），打压了北美本土的茶叶销售，导致本地的茶叶商人无法生存。因此，北美殖民地人民非常反感《茶税法》。运往北美的纽约和费城的茶叶，被当地茶商拒绝接受，这些运茶船只能停靠在波士顿港口，要么返回英国，要么只能等待茶叶慢慢腐烂，波士顿总督亨特希森几次下令驱逐他们回英国，但是这些船只迟迟不愿离开，而当地人担心这些运茶船会悄悄登陆，影响到当地的茶叶生意。于是 1773 年 12 月 16 日，伪装成印度人的"自由之子"涌上 3 艘载满茶叶的船只，并将茶叶倾倒在港口，发生了"波士顿倾茶事件"。

一位美国殖民者正在阅读英国针对殖民地的《茶税法》，在公布栏一旁有一名手持步枪的英国士兵。

❖ 公布《茶税法》

❖ 英国国王乔治三世

1760年，乔治三世登上了英国王位宝座，他继承了13个最富庶的美洲殖民地，这些地方是英国海外人口的聚集地，也是英国税收的主要来源地。

此事件后，1774年9月5日，第一次美洲"大陆会议"召开，从而加速了美洲独立的进程。

英国《经济学人》杂志的科技编辑汤姆·斯坦奇在《六个玻璃杯中的世界历史》中认为，世界史可以包含在"六个玻璃杯"之中，"六个玻璃杯"就是6种饮料——啤酒、葡萄酒、烈性酒、咖啡、茶和可乐，而仅茶"这一个玻璃杯"就可以观察中国以及世界的大部分历史。

清朝时，欧洲人越来越多地使用墨西哥银圆购买我国的茶叶，白银涌入中国，造成了这种金属的快速贬值。茶因此更为昂贵（要求更多的白银以满足我国的茶价）。欧洲和美洲商人通过一种商品的买卖以解决不断上涨的茶叶开支费用。这种商品同样很值钱，但在我国却是非法的，那就是鸦片。

17世纪，茶被引入欧洲时，当时医生们认为茶有很多功效，《医药观察》里写道："没有一种植物可以和茶相媲美。人们之所以饮茶完全是出于一个原因：远离疾病侵害，延年益寿。茶不仅能让你精力充沛，还能免于尿砂症、胆结石、头痛、感冒、眼炎、黏膜炎、哮喘、胃部蠕动乏力、肠道疾病。它的另一个优点是抵挡困意，让人在夜间保持清醒。这对喜欢在夜间写作或思考问题的人来说不啻是一个莫大的福音。"

18世纪中期，欧洲盛行咖啡的时候，英国和美国还是忠于饮茶。茶叶是英国向其殖民地销售的一种相对廉价的消耗品。作为英国的殖民地，北美最初以饮茶为主，在电影《被解救的姜戈》中，庄园主喝的也都是茶。1773年时，英国国王乔治三世为了摆脱身上背负的债务，转身对当时的美国殖民地波士顿地区增加赋税，征收茶税。北美人民愤怒地潜入商船，把船上所有的茶叶都扔进了大海中，"波士顿倾茶事件"之后北美人开始转而饮用咖啡。

❖ 波士顿港口倾茶